ちくま新書

TVディレクターの演出術
——物事の魅力を引き出す方法

高橋弘樹
Takahashi Hiroki

1040

ＴＶディレクターの演出術
――物事の魅力を引き出す方法

【目次】

はじめに――どうしていまディレクターを目指すのか

「お前つまんねーよ、ふざけるな。このカス」

こう、真顔で怒られる仕事があります。テレビを作るディレクターです。大学を卒業した、よい大人が「つまんねーよ」と会議で真剣に怒られる。そして、うっかりその会議がこじれてしまうと、朝方六時ぐらいまで、四〇近いオジさんも混じってどうしたら面白くなるか、一生懸命考える。部屋中が加齢臭でいっぱいになります。

この本は、テレビのディレクターの仕事について書いた本です。テレビのディレクターとは、簡単に言うと、テレビ番組を作る人のことです。たいていの場合、制作会社やテレビ局に所属して仕事をします。まれに、どこにも所属せずフリーランスでディレクターとして活躍する場合もありますが、概して所属する立場によって仕事の中身に違いはありません。

僕はテレビ東京という小さなテレビ局で、ディレクターをしています。この仕事をしていると、OB訪問や面接で、「テレビを作る仕事につきたい」という方々にいまだによく出会います。

しかし、なぜ彼らはテレビを作るディレクターになりたいのでしょうか？　現在、テレビ業界は、超一級の斜陽産業と言っても過言ではないでしょう。テレビ東京に入社して九年目ですが、ここ数年給料はほぼあがってません。気のせいかボーナスも入社した一年目の時より少ない感じがします。先輩の社員の方などは、昔うっかり組んだローンの支払いが滞り苦労していると聞きます。

かつてテレビがメディアの王様で、ファッションを牽引し、華やかなりしころは、給料もよく、交際費もあったのでそれなりにモテたのかもしれませんが、現在ではそんなことは全くありません。

何となく、テレビは前時代のメディアであり、かっこわるい。「ね～。○○って番組見た？」と聞かれたら、「あー、家にテレビ置いてないから」と答える方がかっこいい気すらします。

飲み会でもモテるのは、商社や外資系、安定感のある公務員ばかり。マスコミ全般が、すでに女子たちの中ではすべってる気がします。もちろん個人の実力も大きいのでしょうが、少なくとも、テレビマンという肩書きだけでモテることは確実にありません。むしろ、軽率である、下世話な人間であるというマイナスイメージが蔓延し、ネガティブな目で見られることの方が多い気がします。

しかも、仕事の時間は不規則で私生活は崩壊します。テレビ業界では一日が二四時間ではありません。テレビ局にいく機会があったら、ご覧いただきたいのですが、テレビ局の入り口には会議の時間や場所を記した張り紙がたくさん貼ってあります。その紙を見ると、シレッと「二六時〜　Bリハーサル室」などと書いてあることがあります。

「編集所」というテレビ番組の最終的な仕上げを行う部屋では、スケジュール表に「一〇時〜三三時　○○様」という表示をよく見かけます。テレビ局の現場の人たちの間では、一日は三四時まであるのです。簡単に言うと、寝るな、ということです。

当然こんなスケジュールで働いていたら、私生活は崩壊します。付き合っている人が同じ業界の人ならともかく、

「○月×日は、二人が出会った記念日だね！　仕事遅くてもいいからあおうよ、何時に終わる？」

と彼女に聞かれ、

「ごめん、三三時だ」

と、男性が答えた時点で大抵の女性は別れを決意すると思います。

また、これは実際あった話ですが、うっかり彼女ができた時に、

「大晦日の年越し、一緒にどこか行こう」

そう言われたことがあります。それに対し、

「その日は終わるの、三一時くらいかな。元旦の七時だね」

と答えました。程なくして、その彼女は僕のもとを立ち去りました。しょうがないのです。生放送があって、撤収まで含めると終わるのがその時間だったのです。

また私は誕生日が七月なのですが、この時期はテレビマンにとっては特番シーズン。これまた別の彼女から、

「今日お祝いしたいからそっちの家で待ってるね。何時に、帰る？」

と聞かれ、

「うーん、なるべく早く帰る」

と言い、結局二八時頃に帰宅。帰宅すると、部屋には誕生日ケーキとさめた料理が置いてありましたが、彼女はすでにいませんでした。後日、ほどなくしてこの女性も僕のもと

を立ち去りました。

念のため言っておくと、このように非常に忙しい業種は他にもたくさんありますし、仕事も年をとるにつれ落ち着いていきます。また、毎日このような状態であるわけではありません。テレビマンはファゼンダで働いていたコロノのような側面があり、大きなオンエアが終わった後などは、数日間シレッと、会社に行かないでサボるというようなことも可能です。朝の出勤時間もあまり決まっておらず自由などというメリットもあります。

ならばフラれたのは、その程度の魅力しかお前に無かったのだ、と言われればその通りです。単なる被害妄想ではといわれれば、確かにそうかもしれません。でもテレビマンはリア充になるにはほど遠い業種だということには間違いありません。

では、もういっそテレビのディレクターになんてならない方がいいのでしょうか？

そう聞かれたら、いや、それでも仕事としてはお勧めしますと答えます。なぜなら、テレビのディレクターは楽しいからです。テレビの仕事には、いくつかの楽しさがあります。代表的なものをあげると

①「ミーハーとしての楽しさ」

②「伯楽としての楽しさ」
③「物作りの楽しさ」

です。この楽しさは、どのような番組に携わり、どのようなスタンスのディレクターになるかによっても変わります。

①「ミーハーとしての楽しさ」は、ただ単にタレントや有名人に会えて嬉しい、というものです。美人のアイドルや昔から好きだった小説家に会えるなら、それは誰だって楽しいと思います。僕は、本当にテレビ局のディレクターの中でも一、二を争うほどタレントさんの友達がいないのですが、やはり会社で広末涼子を見たときは、本当にチラ見だったにもかかわらず普通にうれしかったです。

②の「伯楽としての楽しさ」は、目利きをする楽しさと言って良いでしょう。「これは売れそうだ」と思ったミュージシャンや芸人さん、アイドルを見いだす楽しさです。たくさんのタレントの卵に会って、才能の原石を発掘する。確かに、これもテレビマンの重要な仕事の一つです。

しかし、本書で一番お伝えしたい魅力は、③の「物作りの楽しさ」です。

テレビ番組作りというのは、非常に職人的要素の強いものだと思います。台本を書いて、カメラで画を撮って、それをつなげて形にして、ナレーションをつける。その一連の作業に正解は無く、結果は面白いかどうかで判断されます。

語弊のないように言うと「面白い」というのは「笑える」ということだけではありません。歴史番組や教養番組のように「知的好奇心を刺激される」、ドキュメンタリー番組のように「問題意識を喚起される」、ドラマのように「感動して泣ける」なども「面白い」に含まれます。

理系の方や、専門学校で技術を身につけた方は別ですが、文系の学部を卒業して、プランナーや企画立案という間接的な立ち位置ではなく、実際に職人として自分の手で物を作れる職種というのはそうありません。

しかも、テレビの場合、自分の作った番組を多くの視聴者の皆さんにご覧いただいて、時に感想などももらえます。これは、非常に作り手冥利に尽きることだと思います。

特にタレントさんがほとんど出ていない、そして金のかかっていないいわゆる「手作り番組」ほど、「物作り」が重要になってきます。

本書では、そんな「手作り番組」の作り方を通じ、ディレクターの仕事を紹介しようと思います。じつは、その手作りこそが全ての番組の基礎です。

カメラマンや放送作家さんを使って番組作りをする場合でも、どんな画が欲しいのか、台本にどのような直しを入れて欲しいのかを伝えねばなりません。その際、「手作り」で番組を作る能力を身につけているかどうかで、大きく指示の具体性や引き出しの多さに差がつき、それが、結局番組のクオリティに直結すると思います。

そして、テレビ業界以外の方でも、この手法を身につければ、誰でもテレビのディレクターになることが可能です。もともと、テレビのディレクターのほとんどは、専門学校など出ていません。つまり、専門的な知識は、はじめから持っていなくてもよいのです。

また、近年ではインターネット上にも簡単に映像をアップ出来るようになりました。個人でも簡単に映像作品を作成し、世に発表できるのです。インターネットが登場し、ブログが普及したときに、普段は普通の会社員であるブロガーたちが、作品をネット上に発表し、それが評判になり多くのブログが書籍化されました。その中には、プロの作家をはるかに凌ぐ大ヒットを飛ばしたものもあります。

これと、同じことが映像の世界でも可能となったのです。誰しもが、ちょっとした映像制作のコツさえつかんでしまえば、つまり、本書でこれから説明する「手作り番組法」を学んでしまえば、映像で自分の価値観やセンスを世に問い、コンテンツとして販売することすらできる世の中になりました。事実、テレビの世界に身を置いていると、プロのディレクターの腕やセンスを遥かに凌ぐ普通の方の映像作品に出会い、複雑な心境になることも多々あります。

また、映像を制作しなくても、その技術は日々の仕事に応用できることもあるかと思います。

本書を通してお話するとおり、ディレクターの仕事の本質とは「物事の魅力を最大限引き出す」ことです。

視聴者に番組を面白く見てもらえるように演出する方法は、企画書やプレゼンをより魅力的なものにするのと同じことです。効率よく目新しい物を発見する方法は、斬新な新商品を開発するためのリサーチと同じです。

本書では、そんなテレビのディレクターの「手作りで番組を作る方法」をご紹介していきます。そして、それらを通じて「物作りをする」ということの楽しさや、「物作りをする」ための思考法をお伝えしていければと思います。

第一章「手作り」で番組を作るとは?

物事の魅力を最大限引き出すディレクターの技術を説明するために、この本の一つのキーワードとなっているのは「手作り」という言葉です。では、「手作り」とは、一体何を意味するのか。簡単に言うと、テレビにおけるそれは、次の三つの特徴にまとめられると思います。

①自分で台本&ナレーションを書く
②自分でカメラを回す
③タレントさんをあまり使わない

ということです。普通、台本やナレーションというのは放送作家が書きます。ディレクターは放送作家に打ち合わせで大まかな方針を示すだけです。

そして、撮影はカメラマンにまかせ、ディレクターはそのカメラマンの横で欲しい画を指示します。

タレントさんをあまり使わないというのは、ロケなどの取材部分にタレントさんが出演していないということです。

テレビ番組には、様々な形式があります。大きく収録の形式で分けると、次の三つに分けられます。

①スタジオオンリー
②スタジオ＋ロケ
③ロケオンリー

スタジオとは、テレビ局などにある、タレントをよんでテレビ番組を収録するための設備のことです。ロケとは、ざっくり言えば、ある場所に必要に応じて取材にいったＶＴＲのことです。

①は、トーク番組などがわかりやすいでしょう。たまにロケVTRが入ってくる場合がありますが「しゃべくり007」や、「人志松本のすべらない話」「アメトーーク！」などがこれに近い番組です。

②は、現在テレビ番組で一番多い形式です。この形式の番組は、じつは細かく分ければ二つに分かれまして、

②-a　スタジオがメインでその補足としてVTRがあるもの
②-b　ロケがメインで、スタジオはその感想など補足的な役割を果たすもの

があります。前者は、「ホンマでっか!? TV」、後者は「出没！　アド街ック天国」などがわかりやすいと思います。

③は、「鶴瓶の家族に乾杯」や「ブラタモリ」「モヤモヤさまぁ～ず2」などです。そして、本書で解説する「手作り」が活躍する余地があるのは、③や②-bの番組が主となります。

†どんな番組を作りたいのか？

また、収録形式による区分の他に、ジャンルによる番組の区別もあります。これは、ディレクターが番組作りにおいてどんな役割を果たすかに大きく関わってくるので、ご紹介しておきます。

テレビ東京では、テレビ番組を作る「現場」と呼ばれる部署は大きく分ければ四つあります。ドラマ番組を作る「ドラマ制作部」、スポーツ番組を作る「スポーツ局」、報道番組を作る「報道局」、そしてそれ以外の番組の多くを作る「制作局」です。

僕が所属する制作局のディレクターは、テレビ東京やBSジャパンで放送する次のようなジャンルの番組を作ります。

・音楽番組……………「木曜8時のコンサート」「カラオケ☆バトル」
・お笑い番組…………「ゴッドタン」「ざっくりハイタッチ」
・トーク番組…………「解禁！　暴露ナイト」「大竹まことの金曜オトナイト」
・情報番組……………「ありえへん∞世界」「所さんの学校では教えてくれないそこ

んトコロ！」
・旅&紀行番組……………「YOUは何しに日本へ？」「空から日本を見てみよう＋」
・ドキュメンタリー番組……「世界ナゼそこに？　日本人」「ザ・ドキュメンタリー」

これらの番組の区分によってディレクターの仕事は大きく異なります。

音楽番組でのディレクターの主な仕事は、「セットの発注」と「カット割り」と呼ばれる作業です。

セットの発注とは、歌手が歌う背景を美術さんと呼ばれるデザイナーと話しあって決めることです。AKB48の「ポニーテールとシュシュ」という曲なら、夏っぽい曲だから海っぽいセットにしようとか、「ギンガムチェック」という曲なら、縦縞模様のセットにしてみるか、とかそういうことです。AKB48に会ったことすらないのでわからないのですが、ざっくりいうとそんな感じです。

それを美術さんが具体的なセットの設計図にしてくれ、大道具さんたちが、それに基づいてセットを組み立ててくれ、それを照明さんがかっこよく、ライトアップしてくれます。

また、カット割りという作業は、撮影する複数のカメラを歌のどのタイミングで切り替えていくかを決める作業です。

たとえばＡＫＢ48の「ポニーテールとシュシュ」なら、はじめの方は、グループ全体を見せるため2カメで全体に引いたサイズを見せよう。その次は、自分は大島優子推しだから大島優子を1カメで撮ろう。

でもそればかりだとファンと事務所からクレームが来そうだから、サビあたりで前田敦子を3カメでとろう。

で、ラストは頭の上でシュシュを振るような振り付けがあったから、やはり一番お気に入りの大島優子を、その仕草がわかるように、顔にヨッたサイズで撮ろう、といった具合です。ＡＫＢ48を撮ったことがないので、ざっくりですが、多分こんな感じでしょう。

また、お笑い番組の場合、たとえばコント番組ならばディレクターの仕事は音楽番組でも行った、セットの発注、カット割りの他に、「コント台本の打ち合わせ」が入ってきます。

時には芸人さん本人、あるいはその芸人さんのことをよく知っており、どうしたら面白さを引き出せるかをよく理解している放送作家と呼ばれる人と打ち合わせをし、コントの台本を練ります。

トーク番組ならば、テーマ決めと、トークをするタレントさんへの事前のインタビューが重要になります。それによって、どんな流れでトークを展開させるか大まかな流れを作っておくのです。

ここまでに紹介した「音楽番組」「お笑い番組」「トーク番組」は、残念ながら本書でこれから説明する「手作り番組」ではありません。

タレントさんなどのディレクター以外の様々な才能に依拠する部分が非常に大きいからです。

これらの番組ではディレクターの他に、美術さん、大道具さん、照明さん、複数のカメラさん、さらにここには書いていませんが音声さん、ビデオエンジニアさん、編曲家さん、タイムキーパーさんなど数十名、ときには一〇〇名を越える大勢のスタッフがかかわっています。

ディレクターがそこそこ手作りで行い「物作りの楽しみ」をダイレクトに味わうことができる「手作り番組」たりえる余地があるのは、それ以外の「情報番組」「旅&紀行番組」「ドキュメンタリー番組」などということになります。

そして、こうした「手作り番組」を作る上で最も重要なのが、物事の魅力を発見し、引き出す能力なのです。なぜなら、そこにはＡＫＢ48のようなわかりやすい魅力を持った被写体がいない場合が多いからです。

†テレビ東京の七階　最奥部にある「最右翼」

でもいったいなぜ、手作りで番組を作らなきゃいけないのでしょうか。先にあげた②－b「スタジオ＋ロケ」形式の番組や③「ロケオンリー」の形式の番組、また前に触れた、「情報番組」「旅＆紀行番組」「ドキュメンタリー番組」にもタレントさんが出ている番組は多数あります。というか、タレントさんが出ている番組の方が多いと思います。

では、なぜ。

答えは簡単。テレビ東京がしょぼいからだと思います。ようは、金も力も無かったから生まれた制作方式なのです。

みなさんは、テレビ東京がどこにあるかおわかりでしょうか。おそらく即答できる人は、ほぼいないでしょう。「テレビ朝日は？」と聞かれれば「六本木！」、「フジテレビは？」と聞かれれば「お台場！」、「日本テレビは？」と聞かれれば「汐留！」と東京在住の方ならばほとんど即答できると思います。というか、地方にお住まいの方でもご存知の方が多いのではないかと思います。

では、「テレビ東京は?」……

今までの個人的な経験上、一番多いのは、「六本木!」という答えです。たぶん、テレビ東京というテレビ局の存在すらあやふやで、テレビ朝日と間違えているんだと思います。テレビ朝日に申し訳ないです。

いちおう正解を言っておくと、テレビ東京があるのは神谷町という駅です。あまり聞いたことの無い駅だと思います。

「日比谷線の六本木駅と霞ヶ関駅の間の駅ですよ!」

と説明すると大抵は、

「あぁ……はい」

と微妙なリアクションをされます。神谷町は港区の中でも、一、二を争う微妙なリアクションが得られる駅なのです。

そして、そんな神谷町駅から、テレビ東京を目指そうと思っても、これがまた至難の業です。なんと、ビルのかげにかくれて公道に面していないのです。こんな囲繞地のような場所だから、道路から探しても全く見当たらない。

僕も就活の時、必死で探したんですが初めての面接の時は、現地に来ているのに場所がわからず一五分遅刻しました。

まあ、ようはそれくらい目立たないテレビ東京なんですが、そんなテレビ東京で、主に番組を作っている部署は「制作局」という部署になります。一〇〇人以上が働いているなかなか大きい部署でテレビ東京本社の七階のワンフロアがほぼ制作局でしめられています。

このフロアでは、何となく似た系統の番組ごとに、席が固まっています。真ん中の辺りには、音楽番組を作る人たちのグループがあります。「木曜8時のコンサート」といった演歌番組や、「プレミアMelodix!」といった番組を作っています。

その隣には、「もやもやさまぁ～ず2」や「やりすぎ都市伝説」など、有名な芸人さんを使っている番組にたずさわる人たちの席があります。東京出身なのに関西弁をしゃべる不思議な人たちも、この山には存在します。

で、そんなテレビ東京の最奥部、廊下からフロアをみて右の一番奥。ここが、なんとなく手作りっぽい番組を作る人たちが集結する「最右翼」です。

テレビ東京では、音楽番組からお笑い番組へ異動することもあるし、特定の派閥といったものは無く、どの番組の人も一緒に飲みに行く、非常に風通しのよい職場なのですが、そのチームごとの何となくのカラーみたいなものはあります。

この「手作り番組」グループだな、と僕が勝手に認識している最右翼には、色々な人がいますが、「TVチャンピオン」という昔あった番組の血をひき、タレントに頼らず番組を作ろうという風潮がある気がします。そして、そこで入社以来九年間のうちの多くを過ごしました。

正直、色気のないグループのような気がします。

音楽番組班の人たちのデスクには、最新のCDが山積みにされ、ライブへの無料招待券がたくさん。音楽会社の人たちが新人のアーティストを連れて挨拶に訪れている様子も見かけます。アーティストや音楽会社の社員さんはオシャレな人や可愛い人が多いので非常に華やかです。

人気芸人さんたちと番組をつくっている人が多くいる席のあたりには、これまた無料のお笑いライブへの招待状がたくさん。オードリー、おぎやはぎ、バカリズムといった人気芸人の、新発売のお笑いDVDもたくさん山積みになっています。

でも、九年間手作りで番組を作り続けた、最右翼あたりにある僕の席には、CDが置かれることも、無料のお笑いライブの招待状が置かれることもほとんどありません。そりゃそうです。タレントがロケに出ない番組のディレクターに何かあげてもブッキングにつながるわけでもないし、何のメリットもありませんから。

むしろ、届くのはカメラや三脚など、機材レンタル会社からの新たな機材導入のお知らせといった類いのものばかりです。

少し話が脇道にそれましたが、なぜそのように手作りで番組を作るようになったかというと、出発点は、初めに言ったようにお金がなかったからだと思います。

お金がない中で、有名なタレントさんがたくさん出ている他のテレビ局と戦おうとする。その時にいろいろな考え方が生まれてきます。

その中のひとつに、それでも有名なタレントさんにテレビ東京にも出てもらえるように、まだ無名の頃から、才能を見出してテレビ東京の番組に出てもらい、関係性を作っていくという方法もあります。テレビ東京の諸先輩には、こうした努力をしている人がいて、それが結実している例もいくつかあります。本当に凄いなと思います。

しかし、それとは全く逆のベクトルへ走り続けた集団。それが手作りで番組を作ろうというテレビ東京の最右翼系の人々です。タレントに出演してもらうことをあえてあきらめ、ディレクターがカメラをまわせるようになれば、バラエティ番組でも長期間取材に行くことが可能になります。こうすることにより、短期の取材では見えてこない新発見や、人間ドラマを描けるようになる。そこに、活路を見出そうとした人々です。

†主人公は、雲・寺・偽外国人

じゃあ、実際どんな番組が手作り番組なのか。僕はテレビ東京に入社して九年ですが、そのディレクター人生のほとんどが、いまあげた「手作り」的要素の本当に強い番組ばかりでした。正直ちょっとつらかったです。

具体的にいうと、「TVチャンピオン」「新説!? 日本ミステリー」「空から日本を見てみよう」「ジョージ・ポットマンの平成史」「世界ナゼそこに? 日本人」という番組です。

「TVチャンピオン」というのは簡単にいうと、素人のすごい人たちを集めて何かのテーマで勝手に選手権を開こうぜ！という番組です。

そもそも主人公がタレントさんではなく、まったく知られていない素人さんでした。「TVチャンピオン」にはざっくり分けるとスタッフの間で「職人もの」と「通もの」と呼ばれていた二つのカテゴリーがあります。

前者は「和菓子王選手権」「中華料理王選手権」「コロコロからくり装置王選手権」とい

ったもの。何かを作ることに長けた職人さんにフォーカスをあてたものです。

後者は、「アキバ王選手権」「全国魚通選手権」「東京ラーメン王選手権」といったものがあります。こちら「通もの」では、主人公は何かについてめちゃくちゃ詳しいオタクさんです。

僕がこの番組にかかわったのはかなり終盤だったのですが、その前には「手先が器用選手権」「スーパーデブ王選手権」など、もうワケのわからない選手権もあり、職人でもオタクでもない、よくわからない方が主人公なんて企画もあったみたいです。

「新説!? 日本ミステリー」というのは、通説ではない、知られざる歴史の裏側を調査し大胆な仮説のロマンを楽しもう！という趣旨の歴史番組でしたが、主人公は故人と、肖像画と、寺と墓でした。もう素人ですらありません。ロケ部分で出てくる生きている人物と言えば、住職と歴史学者くらいのものでした。

その後に担当した「空から日本を見てみよう」に至っては、主人公はとうとう雲、生き物ですらなくなってしまいました。人間にして六三歳くらいの雲のおじいさんと、七歳くらいの雲の少女の二人。ディレクターが雲になったつもりで撮影し、雲になったつもりで台詞を書いていました。

次の「ジョージ・ポットマンの平成史」では、主人公は架空のよくわからない外国人。外国人教授が、日本文化を徹底的に分析するという番組なのですが、これも外国人教授は架空の人物なので、ディレクターが外国の歴史学者になったつもりで日本文化を調査していました。

そして、現在担当している「世界ナゼそこに？　日本人――知られざる波瀾万丈伝」では、ようやく主人公が実在する人間に戻りました。しかし海外の、それも秘境にいる日本人の生活に密着するというドキュメンタリーです。二週間という長期で密着するため、これも基本的には取材部分にタレントはいません。

このように、会社でのキャリアの大半をタレントさんと深く付き合うことなく過ごしてきました。

もちろん、いまあげた番組でも、いくつかの番組には「スタジオ」と呼ばれる部分があり、そこにはタレントさんが出演しています。取材VTRを見て、タレントさんが感想をいうブロックです。

彼らが番組のイメージ作りなどにおいて、重要な役割を果たしていることはまちがいありません。

また、「空から日本を見てみよう」なら、くものおじいさんと、くもの少女の声は、それぞれ伊武雅刀さん、柳原可奈子さんあってこそのキャラクターです。

「TVチャンピオン」でも、ロケの現場には中村有志さんや辻よしなりさん、梶原しげるさんという実況の名手がいました。彼らは確かに番組で非常に重要な役割を担っていました。

しかし、いまあげた番組たちは、やはりメインが素人さんで、ディレクターの手作りの要素が強かったような気がします。

その証拠に、僕はテレビ局に九年もいるのに、仲のいいタレントは皆無です。確かに根暗で、ネガティブで、根本的に自分の性格に問題があるのかもしれないのですが、それをさしひいても、普通テレビ業界に九年もいたら、誰かしらとは仲良くなるものだと思います。

あるアイドル番組をやっていた、制作会社のディレクターさんは、もうフライデーされてたから言ってもいいと思うんですけど、とある「朝娘。」的なアイドルのメンバーとディズニーランドにいってました。

あるタレントさんがたくさん出る番組をやっていた、後輩の派遣社員さんの結婚式には芸人さんがいっぱいきていました。

赤坂のテレビ局に入った、同年代くらいのディレクターは千原ジュニアさんと仲が良く、千原ジュニアさんとよく旅行に行くんだ、と言っていました。別にうらやましくないですけど。

また、六本木のテレビ局には、「世界ナゼそこに？ 日本人」によく似た番組があるのですが、やはりあちらの局はお金があるのでしょう。海外の日本人のもとに取材に行くのにもタレントさんがちゃんと行くのです。

ふとある日、六本木のテレビ局のその類似番組を見てみたら、我々の番組でも取り上げた中米のベリーズに取材に行った映像が流れてきました。我々はＡＤと自分の二人だけで、世界の辺境に取材に行くのですが、六本木のテレビ局さんは、酒井若菜がレポーターとして取材に行っていました。

こっちは、ディレクターがバスに乗ってるシーンなんて、よっぽどのことが無い限りカットなんですが、やっぱり酒井若菜だと可愛いからただバスに乗ってるだけで、画になります。また、カメラマンもよくわかっていて、ゆるふわな上着を来て席に座る酒井さんを、少し俯瞰めから撮ったりしています。

途中、酒井若菜がバスの長距離移動で具合が悪くなって一時バスから降りて休憩なんてシーンがあったんですが、やっぱり酒井若菜だと可愛いから見てられるんです。

うちの番組だったらレポーター役のディレクターが気持ち悪くなっても、ただ単に撮影時間が減るだけで一秒も使えるシーンにはなりません。

こちらは、現地でADと二人で毎日飲んだくれてるのに、六本木のテレビ局は、たぶん酒井若菜と海外のロケ先で楽しくご飯。そりゃ仲良くなると思います。ごめんなさい。やっぱり赤坂も六本木もうらやましいです。

まあ、何がいいたいかと言うと、やはりタレントさん無しで番組を作るには、それなりにシーンを作るのが大変だということです。つまり試されるのはディレクターの腕のみ。

でも、だからこそ「物作り」としての楽しさが大きいのです。

それでは、まず手作り番組の作り方をご紹介するために、ざっくりテレビ番組作りの流れについてご説明します。

†テレビ番組作りの流れ

テレビ番組は、以下の流れで作られます。

①リサーチ
↓
②台本の作成
↓
③撮影
↓
④編集&ナレーション作成
↓
⑤仕上げ

これらについて簡単に説明します。

たとえばかつて、入社一年目の時、「TVチャンピオン」という番組で「ゆるキャラ王選手権」というのをやったことがあります。僕は番組のチーフADだったのですが、VTRのごく一部だけ、ディレクターを任せてもらえることになりました。

地方予選にエントリーした全国の二〇〇体近いゆるキャラの中でも、西武ドームで行われた本戦に出場することになった、広島県の「ブンカッキー」、鳥取県の「トリピー」、しまなみ街道の「わたるくん」、JA全農ひろしまの「い〜ねくん」、徳島県美波町の「カレッタくん」といったゆるキャラたちをそれぞれ二〇〜三〇秒ほどで、紹介する「プロフィールVTR」を作ることになったのです（写真①、②）。

ささやかな、ささやかなVTRですが、これがテレビマンとしてのディレクターデビューでした。

①JA全農ひろしまの「い〜ねくん」

②徳島県美波町の「カレッタくん」

①のリサーチとは、VTR番組においてどんなものを撮影するか決めるための下調べです。「ブンカッキー」であれば、名前のブンカッキーとは何を意味するのか。それは文化と、広島名産の牡蠣を組み合わせた造語だそうです。

姿形は何を表しているのか。ひら

がなの「ひ」の字と、牡蠣の身の部分、そして頭は広島名産のもみじ饅頭にひっかけて紅葉なんだそうです。

また、どこでこのブンカッキーを撮影したら面白くなるだろうか。ゆるさを誇るゆるキャラだからこそ、荘厳な場所で撮ったら違和感があって面白いかもしれない。しかも広島のキャラクターなので広島県のイメージの強い荘厳な場所がいいな。そう考えて、広島県の荘厳な絶景を探しました。

これが、リサーチの作業です。

②の台本作成は、取り上げるネタを決めた後、それらをどのような順番で紹介し、何を特徴としてフォーカスするかなどを、想定のナレーションとともに書き上げたものです。ゆるキャラとしての魅力をどうしたら最大限引き出すことができるのか。それをゴールに、どこで撮影するのか、どのような演技をつけるのかを、ストーリーをつけながら書いていくのです。

しまなみ街道の「わたるくん」というゆるキャラは、足が極端に短いのが特徴で、そこに愛おしい「ゆるさ」を感じました（写真③）。

なので、瀬戸内海のしまなみ街道を全力で走ってもらい、転ぶ、というような台本を作成しました（写真④）。
こうして撮影するものを想定しておくのです。
③の撮影はその名の通り、台本を参考にしながら被写体を撮影することです。いかに、面白く、魅力的で、新しいと思える画をとるかに注意しながら、カメラをまわす作業です。
先ほどのブンカッキーは結局、広島が誇る世界遺産の厳島神社で撮影することにしました。その「ゆるさ」と「壮大さ」の共存がじつに、くだらなくて面白いし、新しいなと思ったからです。

③走るわたるくん

④こけるわたるくん

ブンカッキーは、ゆるキャラという言葉の生みの親であり、番組の審査員でもあったみうらじゅんさんが、最も優れたゆるキャラだと絶賛していたので、大鳥居に向かって海に突き出す火焼前《ひたさき》をゆうゆうと歩かせ、王者の風格を出

⑤嚴島神社の火焼前を歩くブンカッキー

⑥鳥取砂丘でラクダに乗るトリピー

すようこころがけました（写真⑤）。

ちなみに、鳥取県のトリピーというゆるキャラも「ゆるさ」と「壮大さ」のギャップを意識して、砂丘でラクダに雄々しく騎乗する姿を撮影しました（写真⑥）。

今でこそ、ゆるキャラは大ブームになり、さまざまな壮大な景色をバックに、ドヤ顔でポーズを決めている写真も多くなりました。また、トリピーはその後、鳥取県が同じ構図で、砂丘でラクダに騎乗しているポスターを作成しました。

しかし当時は、ゆるキャラを荘厳に撮影するということは、ほぼありませんでした。

このように、リサーチで調べ、台本にまとめた構成や演出を、いかに面白く、新しい目線で画として表現していくか。これが、「撮影」という作業です。

④の編集は撮影したものの中から、使いどころとなる画をピックアップして、見やすく、面白く、時にはストーリーができるようにつなぎ合わせることです。

ナレーション作成は、そうして、つなぎあわせた映像に、説明用の言葉を後から入れる際の原稿を作成することです。

これは、撮影した素材の中から使いどころを「選ぶ」作業です。それは、すなわち撮影した素材を「捨てる」作業でもあります。

この「ゆるキャラ王選手権」では、ゆるキャラ一体に与えられたプロフィールVTRの長さは二〇〜三〇秒でした。しかし、撮影した素材は、六〇分テープにして、一、二本あります。

たとえば、徳島県美波町のウミガメのキャラクター「カレッタくん」には、大会への意気込みを表すために、四国八十八カ所霊場の二三番札所、薬王寺の境内で階段ダッシュや腹筋をしてもらったのですが、他の画の強さやストーリー上の必要性から、そのシーンは泣く泣くカットしました。

編集においては、このような「捨てる技術」も大切になってきます。

⑤の仕上げは、こうしてつなぎあわせた映像に音楽をつけたり、作成したナレーション

原稿をナレーターさんに読んでもらい、映像にくっつけることです。また、テロップと言われる、画面に入れる文字を作成し映像と合成させます。

こうした過程を経て、テレビ番組が作られます。

ちなみに、それでは番組のテーマである「ゆるキャラ」を扱うというのは、そもそもどうやって誰が決めるのかという点が疑問として残るかもしれません。

これは、様々なケースがありますが、プロデューサーが過去の視聴率などを分析してテーマを決める場合と、ディレクターが自分のやりたいテーマをリサーチして、面白さが伝わるようにプレゼンし、そのテーマを扱うことになる場合という、二つのケースのどちらかであることが多いです。

さて、これで、テレビ番組作りのざっくりした流れは説明しました。では、①〜⑤において、一般的には、だれがどのような作業をしているのでしょう。

それは、だいたい次のような役割分担になっています。

①リサーチ（リサーチャー、AD、ディレクター）

↓

②台本の作成（放送作家）
↓
③撮影（カメラマン）
↓
④編集（ディレクター）
ナレーション作成（放送作家）
↓
⑤仕上げ（ポストプロダクション、音響効果）

これは、実際に作業する人を記したものです。リサーチャーというのは、その名の通り、調べ物を専門的に請け負う人のことです。フリーの人や、リサーチ会社と呼ばれる会社に所属している人がいます。

ADというのは、アシスタントディレクターのことで、よくディレクターに怒られているイメージの人です。お願いされて、ランキングする某番組では、画面に出て、何かにちょい足しして食べたりしてますが、それが本業ではありません。本来の業務はディレクターの補佐をする人のことです。

まず番組作りの出発点となるリサーチ作業というのは、これらのリサーチャー、AD、ディレクターの誰かが行うか、または共同で行うのです。

放送作家というのは、エンドロールではよく「構成」という名前で入ってくる人たちです。戦国時代で言うと「軍師」や「食客」のような立場です。プロデューサーやディレクターの相談相手となったり、番組に客観的なアドバイスをしてくれたりします。

また放送作家は、どこかの局に属しているワケではないので、他局のゴシップ情報に詳しく、「六本木方面のテレビ局は今、某さんの天下だ」「赤坂のあの番組では視聴率がいまいちだから出演者の某さんが、あんなことを言っていた」など、ワイドショー的な話題を提供してくれます。

しかし、本来そんなことは番組作りにはどうでもいいこと。放送作家の本来の仕事は、その名に「作家」とつく通り、台本やナレーションを作成することです。

カメラマンはその名の通り、カメラを回して、動画を撮影する技術者です。

一般的に、ディレクターの実際の作業は、リサーチの一部と、画を選ぶ編集作業ですが、担当している番組（映像、ナレーション、音声など全て）について、クオリティの責任を負ってその制作を請け負うため、②や③についても、当然その名の通り「ディレクション＝指示」を行います。そして、それらの行為を「演出」と呼ぶのです。

これが、大まかな番組作りの中でのスタッフの役割分担です。

しかし、先の「TVチャンピオン」でのプロフィール撮影は、そうではありませんでした。リサーチも、台本も、撮影も自分で行いました。

このプロフィールVTRは尺も短く、若手育成の、ディレクター登竜門のようなものです。ディレクターは、台本もカメラも一通り出来なければ、このさき長尺の取材の際に適切な演出などできないという考えからこのような登竜門があるのです。

しかし、このように、本来は分担されている役割の中で、放送作家が行う②の台本作成や、④のナレーション作成、カメラマンが行う③の撮影を、長尺の取材においてさえもディレクターが行う番組があります。

そのような番組が、この本で言う「手作り」的な要素の強い番組ということになります。

そして、そのような「手作り番組」を作る技術、すなわち物事の魅力を発見し、最大限引き出す技術は、「新しい面白さ」の発見の仕方や、見ている人を飽きさせないプレゼンの仕方、より商品に親近感を持ってもらう方法など、何も、ことテレビ番組の制作だけではなく、あらゆる仕事に通底する普遍的な技術だと思います。

また、テレビの箱の向こうでディレクターがしかけるそれらの技術を知れば、テレビ画面からディレクターの意志や焦りや不安のような生きた感情のようなものを感じられるようになり、よりテレビを楽しめるはずです。

次の章から実際に、このリサーチ、台本の作成、撮影、演出などの具体的なコツをご説明します。

テレビ番組にとって、なんと言っても最も重要なのはやはり「リサーチ」です。しかし、なにもこれはテレビに限ったことではありません。

ドラマ「半沢直樹」を見ていると、主人公の銀行員は、担当する街の優良な融資先の発掘に始まり、すでに融資した取引先の経営状況、果ては粉飾決算した取引先の社長の隠れ場所まで、常に何かをリサーチしています。そしてリサーチを妨害するやつには、いつも「倍返しだ」と激ギレ。

マンガ「島耕作」シリーズの主人公は家電メーカー「初芝電器産業」の社員。彼の若かりし頃のエピソードで、ライバル会社の発売する「ベータ」とよばれるビデオデッキに、自社が発売するVHSがシェアで勝利するために奮闘するシーンの一節では、同僚社員「今日、アダルトビデオの撮影会があるんだ。VHS陣営勝利の為にも制作現場を見に行こうじゃないか」
島耕作　「ふむ。それは見てみたいな」

VHSを売るために、AVの撮影をリサーチする主人公の姿が生き生きと描かれています（『係長　島耕作』第三巻）。

これは、一九八二年に発売され、その高画質とクオリティの高い女優の演技で、一説によれば一三万本という爆発的な売り上げを記録した「洗濯屋ケンちゃん」という画期的な裏ビデオが、家庭用ビデオデッキの爆発的な普及に大きく貢献していたという史実をもとにした創作だと思われます。

もちろん、ドラマやマンガの世界ですので、面白おかしくするためにある程度の脚色はありますが、ことほど左様に銀行員も、メーカーの社員も、その他の多くの仕事についても、商品を売るため、作るため、製品を企画するため、その企画を人に説明するため、と様々な局面において、「リサーチ」は必要です。

そして、テレビでもそれ以外のどの仕事でも、リサーチは次の二つの役割に分けられると思います。

①0→1のリサーチ＝そもそも何を番組のネタとして取り扱うか
②1→∞のリサーチ＝ネタが決まった後、そのネタを膨らませてよりよくする

テレビの場合は番組のネタですが、メーカーや商売をしている方なら「番組」を「商品」に、その他のお仕事でも、「番組」をご自身のお仕事のアウトプットに置き換えていただければ、基本は同じだと思います。ようは、何事も下調べが一番重要だということです。

「手作り番組」の場合、ここをおろそかにして良い番組ができることは決してありません。

さまぁ〜ずさんがいれば、町を歩いているだけで面白いものを発見して、面白いことを言ってくれるかもしれません。でも、タレントさんがいない手作り番組では、タレントさんが面白いことを言ってくれるわけではないので、ディレクターが「面白い何か」を発見して伝えていかなければならないのです。

では、どうやってその「面白さ」を見出していけばよいのでしょうか。

†足をつかうことが「新しさ」を生み出す

「面白さ」には、「笑える」だけでなく、「感動する」「問題意識を喚起させられる」など様々な種類のものがあると先に書きました。テレビ番組作りにおいては、こうした様々な「面白さ」を持つ題材をリサーチするわけです。

そして、前項で述べた①と②のリサーチのうち、まず取り上げるべきネタを探す①のリサーチをする際に、もっとも重要なのは「新規の精神」です。みなさんも、テレビを見ていて次のように思ったことがあるのではないでしょうか。

「あ、これどっかで見たことがあるな」
「この店、この間も別の番組で取り上げられていたな」

そう思われた時、皆さんはどうしますか。一度見たことあるから見なくていいや、とチャンネルを変えてしまうのではないでしょうか。

現在、東京なら地上波だけでも、NHK総合、NHK教育、日本テレビ、テレビ朝日、

ＴＢＳ、テレビ東京、フジテレビ、ＭＸテレビと八局。ＢＳを入れると、無料で見られる放送だけでも、一〇局をゆうに越えます。

別に、一度見た情報を繰り返し見なくても、他にいくらでもチャンネルの選択肢があるのです。だからこそ、番組で扱うネタには、常に新しさを追求する姿勢で臨まなければいけません。

もちろん、理想ではこういうものの、たとえば一時間の番組の中で、とりあげるネタ全てを新しい情報だけでつくりあげることは容易ではありません。

しかし、せめて一つでも、そしてできればたくさん、見たことのない面白いネタをつめこみたい。これが、ディレクターが目指すべき姿勢だと思います。

その際、やはりもっとも効果的だなと思うのは、「足をつかうこと」です。

何か調べるとき、まずインターネットを利用しようと思いつくかもしれません。しかし、現在テレビ番組でとりあげたお店や人物などのネタの多くは、すぐにインターネット上にアップされます。テレビのオンエア情報をすぐにまとめる専門サイトも存在します。

それゆえネット上にある情報はどうしても、見たことのある情報になってしまう可能性が高いのです。また、インターネットもテレビと同じメディアのライバルととらえれば、ネット上にすでにその情報がある時点で、「新しいもの」では無いのです。

そうなると、「新しいもの」を探すのに、遠回りに見えて近道なのが、じつは「足をつかうこと」なのです。過去にディレクターをつとめた番組の中からいくつか具体例をあげます。

†「空から日本を見てみよう」崖マンションに住む港町・横浜の生き証人

「空から日本を見てみよう」は、ある地域を空撮し、空から見て不思議な形のものや気になるものにズームインし、地上の撮影に切り替えて調査するという番組内容です。

この番組のリサーチの仕方は、非常に単純でした。まず、グーグルアースで取り上げる地域を血眼で見つめ続け、空から見て不思議なものが無いか探します。

そして、次にその地域を特集した雑誌などを徹底的にあらいます。

さらに、それが終わると現地へゴーです。対象地域を自転車や自動車でくまなく走り回り、面白いものが無いか探します。そして、それも終わると、その地域で一番高い建物などに登って、一、二時間かけて、双眼鏡を片手に上空から見て変わったものが無いか探すのです。

⑦横浜の海食崖

こうして、一時間の通常放送回ならおよそ二〇〇ネタ。A4用紙にして二〇〇ページ位の取材候補資料を、ディレクターとADで作成します。その中から実際に取材する二〇ネタ位を厳選するという方式をとっていました。

そんな「空から日本を見てみよう」で、横浜を担当した時のことです。テーマは「港町・横浜　発展の歴史」を空から見ていこう、というものでした。横浜市には本牧という地区があります。ここは長い年月をかけて、波が陸地を削って出来た「海食崖《かいしょくがい》」と言われる迫力のある地形が広がっています（写真⑦）。

車を運転する方なら、首都高速の湾岸線の上りの三渓園出口付近で、左手側に見たことがあるであろうあの巨大な崖です。現在は首都高速道路湾岸線が海食崖にそって走っているため、海から見えづらいのですが、かつては、横浜港に入港する船の目印となるほど目立ち、かのペリーはこの崖を見て

「マンダリン・ブラフ」と名付けました。また江戸時代の浮世絵にもこの崖の様子が描かれています。

この海食崖は、下見に行くまでもなく空から見てたいそう目立つしネタになるだろうな、とは思っていました。

しかし、ただ単に普通に海食崖を紹介するだけではつまらない。全く「新しさ」がありませんし、そもそも視聴者も崖にそこまで興味は無いでしょう。そして、今回の番組のテーマである「港町・横浜　発展の歴史」にも何の関係もありません。そうなれば、空からこの海食崖を発見しても、くもの少女に「凄い崖ですねえ〜」と一言言わせておしまいです。一〇秒の尺にもなりません。

そこで、現地に下見に行くと、崖にへばりつくような格好をしているマンションがあったのです。このマンション、その異様さはグーグルアースではなかなかわからないのですが、現場で見ると圧倒されるものがありました（写真⑧）。

エレベータは崖の斜面にへばりつくようにナナメについている。そして、これも現地に行かないとわからないのですが、崖の下の一階は駐車場とエレベータの乗り場だけで、住居はゼロ。エレベータで崖の上へ登った所が、事実上のマンションの一階という不思議な

⑧崖マンション

構造だったのです。

ああ、これは少しネタとして面白いなと思いました。単なる崖の紹介というだけでなく、そこに佇居があるということで、一気に身近なものとして興味を持てる気がしたからです。また観光地ではないため、テレビなどで露出していないという点もいいな、と思いました。

「面白さ」を見出す際、王道過ぎてベタ、つまり「新しくない」ものではダメなのと同時に「新しさ」を備えていても、それが自分だけが理解できる、マニアックな面白さではダメだというところに難しさがあります。

僕は高校で地理を選択していましたし、地理研究会というモテない部活にも入っていたくらいなので崖が大好きです。高見ると思わずこの形になるに至った幾年月の自然の力や、高速道路が視界を阻むことも無かった約一五〇年前にこの崖を見たペリーの気持ちなどを勝手に想像して楽しくなってしまうのですが、多くの視聴者は崖には興味がないでしょう。

しかし、そこに作られたマンションというなら話は別です。衣食住というのは、人間の生活に密接に結びついているので、誰でも興味を持ちやすいものなのです。グルメ番組なら、過去には「料理の鉄人」や「どっちの料理ショー」、最近だと「お願いランキング」の「美食アカデミー」のコーナーなど、住居に関しても、「大改造!! 劇的ビフォーアフター」や「渡辺篤史の建もの探訪」など人気番組がたくさんあります。

そんな、誰しもが興味を持ちやすい住居で、崖にへばりつき、見たことない不思議な形をしているマンションなら、一〇秒ということはありません。もう少し長く尺がつくれるかな、という気がしました。

でも、ここから欲を出すのがディレクターの腕の見せ所。今のままだと番組の本題である「港町・横浜　発展の歴史」からはほど遠いため、あまり長い尺を作ることは少しためらわれます。

そこで、そのマンションの前でずーっと張り込みすることにしたのです。どんな人が住んでいるか。恐らく絶景と思われるお部屋からの眺めはどんなものなのか。そんなところから、港町の変遷の歴史に結びつけられるものを見つけられないかな、と考えました。

マンションの前で、帰宅する人や出かける人にひたすら声をかけるのですが、正直、これがけっこう怪しまれます。

「すみません、テレビ東京の『空から日本を見てみよう』という番組を作っている者なんですけれど」

この時点で、番組を知っている人の反応は比較的いいです。しかし、番組を知らないとなると、ちょっと大変です。

「どんな番組なの？」

「いや、あの〜ですね。くものおじいさんと、くもの少女が日本全国を旅する番組なんですよ」

もう、不審者以外の何者でもありません。これも、手作り番組の辛さかもしれません。たとえ番組の名前を知らなくても「ロンブーの敦さんが出てる番組で」とか、「さまぁ〜ずが町を歩く番組で」と言えば、「ああ、あのさまぁ〜ずさんの！」とそこそこ信頼が得られるのかもしれません。でも、くものおじいさんと少女では……。

しかし、そんな感じでずっと粘り強く張り込んでいたら、最上階に住んでいて、家にあがって眺めを見てもいいよという人がちらほら現れはじめました。その人たちに、どうしてこの変わったマンションに住もうと思ったのですか、と色々話を聞いていく中で、一人のエピソードに胸をうたれたのです。

その方は還暦を過ぎているおばあさんで、最上階の四階に住んでいました。海側の部屋で、崖の上のさらに四階なので余裕のオーシャンビュー。横浜港が一望できたのです。

「どうして、ここに住もうと思ったんですか」

と、聞きます。「海が好きだから」くらいの答えがもらえて、景色の変遷に関して、話が聞ければいいかなくらいに思っていたのですが、その問いに対する答えは予想外なものでした。

「亡くなった主人の姿を一目でも早く見たくて……」

そうおっしゃったのです。聞けばこのおばあさん、数年前にご主人を亡くしたそう。そして、そのご主人は商船三井につとめる船乗りさんだったというのです。横浜港は、ずっと大型船が着く港として発展してきた町。ご主人は、そんな港町・横浜に出入りする大型船の船長さんでした。

船乗りは、一度仕事で船に乗ると、外洋に出て数カ月戻ってこないそうです。いかに帰ってくる日が待ち遠しかったか、大桟橋までご主人を迎えに行く道のりが楽しかったか、帰ってきたあとの横浜でのデートがどれほど楽しかったか。おばあさんは、亡きご主人の形見である制服や、写真を見せながら話を聞かせてくれました。

　この崖のマンションは本牧に位置しているので、横浜港の入り口の方まで遠く見渡せます。ここなら横浜港の入り口からご主人の船が大桟橋の方に入ってくるのをいち早く見られる。そんな思いから、このマンションを購入したそうです。

　文献などからだけでは決して得られない、港町・横浜の発展の歴史の中に生きた人の生の声。これこそ、番組でとりあげるに相応しいな、そう思い、このおばあさんのお宅を取材させていただくことにしました。

「今はまた、海を眺めるのは好きなんですが、亡くなった後しばらくは、辛かったですね。大型船を見るたびに、ああ、あの船に主人が乗ってるんじゃないかなんて、思ってしまって」

　おばあさんは、最後にそう語ってくれました。

　単なる「崖」から始まったこのリサーチは、現場でストーカーのように粘着質なリサーチをすることで、

「海が作った崖」⟹地理マニアにしかささらない

↓

「不思議なマンション」⟹情報がささりそうな層は広がった

↓

「横浜の歴史を物語る人間ドラマ」⟹情報だけでなく、物語性が追加

と、どんどんネタとしての要素が広がっていきました。

自分の想像を超える「新しいもの」、インターネットや文献では見つけることの出来ない知られざるエピソード。それはやはり、地道に足をつかって探し続けるしかないのだな、と思います。

†「TVチャンピオン」つめ放題王「悪魔の姉妹」

もう一つ、足で探してネタを見つけた具体例をあげておきます。「TVチャンピオン」という番組をやっていた時のことです。この番組は、先にも述べたように、世間で全く知られていない分野の達人を集めて、絶対開かれることの無いような全国大会を開いてしま

おう、という番組でした。

もちろん、世間で一回も開かれたことの無い選手権なのですから、まず選手を集めることに一苦労するのです。

特に、苦労するのがさまざまな選手権の「第一回選手権」の時です。二回目以降は、一回目に出演した選手にもう一度出演をオファーしたり、類は友を呼ぶということで、その人の知り合いにライバルのような人がいないか聞いてみたり、オンエアを見た視聴者の方から応募があったりして、選手が集まる仕組みが構築されていました。

しかし一回目となるとそうはいきません。とくに、わけのわからない選手権であればあるほど。

それは、第一回「つめ放題王選手権」というものを開催しようとした時でした。「つめ放題」ってなんだよ。初めは僕もそう思いました。聞けばスーパーでビニール袋が一枚用意されており、この袋に入る分だけは、二〇〇円でニンジンつめ放題！というアレのこと。

たまたま番組のプロデューサーが、スーパーのつめ放題がお得というような特集を夕方のニュース番組で見たらしく、「これで全国大会開催できないかなあ」と考えたそうです。

その発想が大胆過ぎて脱帽しましたが、では実際どうやって選手を探すのかが問題になりました。リサーチ会社などにも頼んでネットや電話でリサーチを行ったのですが、いまいちパッとした選手が見当たらなかったのです。

そりゃそうです。そんな全国大会開かれた前例などありませんから、インターネット上に達人を特集したサイトなどあるわけがありません。

スーパーに電話しても、店員さんは達人を見つけようとしてその売り場をず〜っと注視しているわけではありませんから、なかなか見つかりませんでした。

そこで結局、関東近郊で定期的に「つめ放題」を行っているスーパーを調べ、それらの店舗に張り込むことにしたのです。そうして、千葉のとあるスーパーで出会ったのが、後に「つめ放題王選手権」の第一回チャンピオンとなる「悪魔の姉妹」でした。

そのスーパーで、つめ放題の売り場を遠目から眺めていると、明らかに他のお客さんたちと違う目つきで、米を本気でつめまくる二人の女性をみかけたのです。しかも、何やらその女性二人は知り合いのよう。しかも、美人の上、一人は赤ん坊を背中におんぶしているのです。

ただ者では無いオーラが漂っていたので、店員さんに

「あの二人は何者なんですか？」

と、訪ねてみました。すると店員さんは
「ああ、あの二人はよく来るんだよ。姉妹みたいだよ。袋いっぱいに物をつめるので、『悪魔の姉妹』って呼んでる店員もいるよ（笑）」

と、教えてくれました。

そこで、思い切ってその「悪魔の姉妹」本人に話しかけてみました。本名は、新井さんと、新発田さん。悪魔なんていうからどんな怖い人かと思ってましたが、普通に気さくな千葉っぽいおねーちゃんでした（写真⑨）。

彼女たちは、様々な「つめ放題秘技」や「つめ放題業界用語」を教えてくれました。

破れない程度に袋を引き延ばす必殺技。力加減が非常に難しいのだそう。さらに、にんじんなど先っぽと根本で太さが違う際には段ごとに、上下を逆さにして袋のスキマがなるべくないようにつめる「交互詰め」。そして、袋につめこんだニンジンなどの野菜の最上部に、さらに先っぽの細い野菜をつきさして袋の最上部よりさらに上、袋の存在しない空間に

⑨千葉のスーパーで発見した悪魔の姉妹

まで野菜を花びらのように固定させる「花」と呼ばれるものなど（写真⑩）。

インターネット上のリサーチでは見かけなかった、数々の必殺技を持つ「つめ放題」界の技をもつプロフェッショナルに出会ったのです。

もちろんこのように実際に会って発掘した選手だけでは足りなかったのでインターネットや電話リサーチで調べた選手も参戦してTVチャンピオンの「第一回つめ放題王選手権」は行われましたが、結果、この悪魔の姉妹が優勝しました。

⑩ニンジンの「花」

テレビ業界で、「くだらない」という言葉は時に褒め言葉なのですが、この実に「くだらない」つめ放題の全国大会。みな、元は選手でも何でもなく、一般の主婦だったのですが、試合が進むにつれ、選手としての自覚を持つようになり、決勝では試合終了直前に、準優勝した選手のにんじんの「花」がくずれ、この選手は悔し泣きしていました。

たかだか、つめ放題で全国大会を開き、大勢の人間がニンジンをつめ込む作業に真剣になり、最後は涙する。実にくだらない大会でした。

ちなみに、この「つめ放題王選手権」、全く見たことの無い凄腕の持ち主が出ていると いう目新しさのためか、テレビ東京にしては視聴率もそこそこよかったと記憶しています。やはり、「新規の精神」は、もの作りの基本なのだと思います。

その後、この大会で優勝した「悪魔の姉妹」もそこそこ有名になり、モーニング娘。の番組や、SMAPのとあるメンバーの番組にも出演していました。小さなことですが、これは発掘した者としては大変嬉しかったです。

しかし、やはりこれらは二番煎じ。自分もやむを得ず、二番煎じを行うことは多々ありますが、テレビ番組を作る楽しさと価値は、どんなにくだらなく些細なことでも、「新しい、面白い何か」を自分の手で発掘するところにあるのだと思います。

第三章 「面白さ」を見つけるズラし方

見たことのない、新しい面白さを発見する。リサーチを行う際、それが最も重要であり、そのためには足で現場をはいずりまわることが大切であると述べました。

しかし、ただ単に漠然と現場に出たからといって、面白いものが見つかるかというと、なかなかそう簡単にはいきません。「面白さ」を発見するには、ディレクターとしての勘所のようなものが必要です。

そこでこの章では、「面白さ」を発見するためのコツをいくつかご紹介していきます。

†戦わずに全力で逃げる

「人の行く　裏に道あり　花の山」

という言葉があります。これは、有名な相場に関する言葉なのですが、もうけたいなら、みんなと違う方にお金をはるべきだという意味です。みんなが買っている時には売る。みんなが売っている時には買うということです。

テレビ番組作りにおいて、「新しい面白さ」を見つける近道も、これに似ています。まず、人が着目しないようなところに目をつけるという姿勢が大切です。

誰の目にもつく大通りではなく、その裏の小径に何か面白そうなものが転がっていないか。渋谷駅ならハチ公口でなく、新南口に何か面白そうなものはないか。そのように目を光らせるということです。

じっさい、人の目につく場所は、すでに他のテレビで取り上げられている場合が多く、「新しい面白さ」を発掘しようとした際、競争率が高く、非効率なのです。このような戦場からはいち早く逃げることが「新しい面白さ」の発掘につながります。

たとえば、「空から日本を見てみよう」という番組で、「瀬戸内海の島々」というテーマをかかげ番組を作ったことがあります。岡山県と香川県の間にある様々な島を空から探検しよう、というものでした。有人島、無人島含め、ほぼ全ての対象地域の島を自分の足でまわりリサーチしたのですが、その時の、「直島」という島と、「釜島」という島が非常に対照的でした。

⑪アートの島　直島

⑫直島の銭湯　I♡湯

「直島」は、恐らく瀬戸内海の観光をするならば、一番か二番を争うほど有名な島です。「アートの島」として、島を観光地化しようとしており、古民家を改造してアート化した作品や、実際に入ることができるポップなデザインな銭湯など多くの見所があります（写真⑪、⑫）。

しかしそれらは、やはり過去にもテレビで取り上げられているし、ガイドブックにも掲載されています。そのため、それら名所は少しだけ紹介するにとどめました。

一方、「釜島」は、無人島です。テレビや観光ガイドで取り上げられることは、ほぼありません。那須与一が、源平合戦の折、功績をあげてこの島を治めることになり、ずっと人が住んでいたのですが、その後無人島となり、現在でも那須家の子孫が土地を所有しているということ、そしてかつての痕跡として小学校が残っていることなどはわかっていました。しかし、それ以外の情報はありませんでした。

そこで、許可を得てとりあえず島をくまなく探検することにしました。かつての道は自然に帰って笹だらけ。とても進める状態ではなく、鎌で草木を切りながら一歩一歩進みます。

島の奥に入ると、子育て期の野鳥が、子供を奪いに来た外敵だと勘違いして、我々に襲いかかってきます。人の踏み入ることのない野生の動物というのは、本当に人間に襲いかかってくるのです。

そんなこんなでチラホラ廃屋や住人の痕跡などがあったので、ネタになりそうなものは無いか、探してまわりました。

そして、島の中央部にある小学校に到達したのです。小学校自体が完全に森に飲み込まれ、薄暗くて気味が悪い。教室の床も歩くたびに「バキッ」と音をたてて抜ける。廃墟マニアにはささりそうだけど、それ以外の一般的な視聴者にささるようなものはない（写真⑬、⑭）。

やはり、この島はネタにするのは無理かな、と思っていたとき、思わぬものを発見しました。数十年前の学力テストが一枚残されていたのです。しかも、なんと一〇〇点満点中

⑬釜島の森に飲みこまれた小学校

⑭小学校の内部

の一九点。思わず吹き出しました。

一〇〇点中一九点て！

どんなわんぱくな子だったのか、この点数を受け取った時どんなリアクションをしたのだろうか。様々な想像が頭の中を駆け巡ります。体育が好きで勉強が嫌いなガキ大将タイプの子供だったんだろうか。給食はどんなもの食べてたのかな。この小学校は昔どんな風景だったのだろうか。

一〇〇点中一九点という衝撃のテストをきっかけに、一気にこの小学校への興味がわいてきました。そこで、この一九点の子を探すことにしたのです。テストですから、名前はしっかり書いてありました。佐上くんです。

しかし、もうこの島から人が去って二五年以上。小学校が廃校になったのはもっと前です。いろいろ探しましたが、なかなか見つかりません。やっぱり無理かなと思っていたその時、なんと隣の松島という人口三人の島にこの佐上くんの親戚が住んでおり、佐上くんの連絡先を知っているということがわかったのです。

こうして、見つけ出した佐上さんはもうかなりのおじいさんでした。そして、当時の写真をたくさん持っており、小学生だった頃の小学校の写真や、小学校の運動会の時に撮った写真も見つかりました。写真を見ると、イメージとピッタリ。体育が好きそうな少年でした。

これなら、ただ廃墟を見せるだけでなく、無人島になってしまった島のノスタルジーとともに、一人の人間ドラマと、人探しのワクワク感も見せられるなと思い、ネタとして採用することにし、直島のネタよりはるかに長い尺の物語として描きました。

この「空から日本を見てみよう」でも、テレビが絶対取り上げたことのないネタを、最低一つは、できればたくさん見つけてみせるという自分なりの目標を持って取り組んでいました。他にも「山手線」の回を担当し、有楽町で面白いネタを探す際、有名な建物がたくさん並ぶ外堀通り沿いではなく、普段あまり人が訪れることがない線路の高架下の中でも、飲食店がありチラホラ人が訪れる一階ではなく、まず人が訪れず、昭和のまま時間が止っている二階を歩き回り「電気日日新聞」なる謎の新聞社を発見。そこの社長さんの、昭和の重電機業界の取材にささげた人生譚をとりあげたこともありました。

このように、「人の行く裏の道」に、新しく面白いネタがごろごろころがっていることは多々あるのです。

†王道の切り口を変えてみる

かといって、人通りの少ない裏道ばかりを探していても、何も見つからない時もあります。それでも、オンエアまでに何とか面白いものを作りあげるのがディレクターの仕事です。もちろん
「すみません。ネタが見つかりませんでした。オンエアを延期して下さい」

というわけにはいきません。一回オンエアをとばしたら、数千万円の損害が出てしまいます。ですから、「新しくて面白いもの」を探す引き出しをたくさん持っておくにこしたことはありません。裏道を探す以外にも、「新しくて面白い道」を見出す方法はあります。

それは、メジャーなものの切り口を変えるということです。よく知られている題材を全くべつの角度から眺めてみるのです。

たとえば、横浜にある氷川丸と三渓園をとりあげてみましょう。関東近郊にお住まいの

方ならご存知かもしれませんが、それなりに有名な観光地です。

氷川丸はデートスポットとして人気の山下公園に係留されている人型船です。かつては、シアトルなど北米への航路をメインに活躍し、チャップリンや秩父宮さまなどものせた船です。一九六〇年に現役を引退した後はこの横浜に係留され、現在、船内は当時の客室や再現されたディナーなどを見学できる観光名所になっています。

三渓園は、横浜の本牧にある巨大な庭園。徳川家や豊臣秀吉、織田有楽斎など多くの有名な人物のゆかりの建物が日本全国から移築されており、うち一〇棟もの建物が国の重要文化財に指定されています。園内には季節の花々が植えられており、ここも大変人気のある観光名所となっています。

それゆえ、両方とも何度もテレビで取り上げられていますから、そのまま取り上げたのでは、まったく「新しい面白さ」はありません。

しかし、この二つをよく調べてみると、作られた背景に一つの共通項があったのです。

おわかりになるでしょうか？

正解は、日本の「シルクロード」です。

横浜はその昔、シルク、つまり生糸の輸出港として発展した町でした。じつは、氷川丸は単なる客船ではなく、貨客船。旅行者を運ぶと同時に貨物も運ぶ船だったのです。

現在公開されている船室は、客船部分が主なので、あまり貨物船というイメージがありませんが、普段は立ち入り禁止の船内に入らせていただくと、何と「ＳＩＬＫ　ＲＯＯＭ」と書かれた、シルク専用のお部屋まであったのです。

そして、一般の方でも見学できる運転室の部分にも、そのシルクルームで出火があった時に異変を知らせる装置があり、そこに小さく小さく「ＳＩＬＫ　ＲＯＯＭ」と書かれた部分があります。

一方、三溪園も実はシルクに大いに関係がありました。この庭園を作った原三溪（本名富太郎）は、シルクの貿易で財を成した人物。その財で、これだけの重要な建物を集めることができたのです。それゆえ、原はカイコには並々ならぬ思い入れがあり、三溪園には原三溪が描いた直筆のカイコの画の掛け軸が残されています。

この切り口ならば、横浜の有名な観光名所である氷川丸と三溪園がまったく新しい面白みを帯びてきます。

普通、氷川丸はその内部の豪華な客室を楽しむ、三溪園はきれいな日本庭園と、数々の歴史的建造物を楽しむというのが一般的です。しかし、二つをシルクの痕跡でくくることで、横浜の発展の歴史の秘密を紐解く、別の醍醐味を味わえるのです。

　このように、有名なものでも切り口を変えることで、新たな面白さを発見することができるようになるのです。

†人間不信になる

「地獄への道は善意で敷き詰められている」

　大学時代に社会主義経済学の授業をとっていたことがありました。その時に教授が最終講義の時間の最後に引用していた、経済学者マルクスの言葉です。この言葉を発して黒板に書き残して、教室を立ち去ったのです。なんという後味の悪い授業のしめ方。この人、よほど今まで嫌な目にあったのかな？

　講義自体はさっぱり覚えていないのですが、この言葉だけは、強烈過ぎて覚えています。

「巧言令色、鮮《すくな》し仁」

　これは、論語の一節です。この孔子って人は本当にストイックだな。何が楽しみで生きているんだろう。不器用過ぎてこういう人にサラリーマンは無理なんだろうな。論語の真の意味などさっぱりわからなかったのですが、この箇所はそう思いながら読んだ記憶があります。

しかし、ともあれこの二つの言葉が意味することは、社会をぶっ壊して変革してやる！というガチガチの革新派知識人と、安定第一、伝統を重んじろ！というガチガチの保守派知識人という両極端の最も偉大な思想家が、

「ちょっとは、人間不信気味に生きた方がいいよ！」

とアドバイスしているということです。

「新しい面白いもの」を探すのにも、心のどこか片隅に人間不信な自分をおいてみるというのはけっこう重要なことなのです。

かつて、VTR作りで大失敗をしたことがあります。

「決着！歴史ミステリー」という歴史番組を担当していた時のことです。その中で秋葉原のとあるメイドカフェのような店をとりあげたのです。そのお店は、メイドさんが武将のようなコスプレをしていて、お客さんが来店すると
「お帰りなさいませ、お館《やかた》さま」

などと言って、サービスしてくれるのです。メニューも戦国武将にひっかけたシャレを混ぜ込んだメニュー。まあ、普通と違っていて変わってるし、そこそこ面白いんじゃない

かな、成立しているだろうと思ったのです。

そこで、この店を正式に取材して撮影しました。その後、プロデューサーなどに試写したところ、激怒されました。

「このVTRは○点だ」

そう言われたのです。確かに、撮影している時は何となく面白い気がしていたのですが、帰ってきて編集してみると、どこかうっすらと寒い気がしていたのも事実です。

一体何が悪かったのか。

その時は、プロデューサーも何が悪いのかみなまでは言わなかった気がします。あるいは、言ってくれたものの、あまりにつまらないVTRを作ってしまったことで頭が真っ白になり、覚えていなかったのかもしれません。そのため、原因をよく突き止めることが出来ませんでした。

しかし、その後に「田舎に泊まろう！」などのディレクターをつとめた先輩から、素人もの、つまり「手作り番組」を作る際のアドバイスとして
「狙っているものに安易にのっかるな」

と言われた時、この武将メイドカフェの失敗を真っ先に思い出しました。ああ、そうい

うことだったのかと。

「狙っている」というのは、テレビの人間独特の文脈で使われている気もしますが、「どう、これ面白いでしょ、と思って先方がやっていること」というような意味です。

自分なりに考えた問題は二点ありました。

①向こうが面白いと思ってやってることが本当に面白いのか、疑ってかからなかった
②ディレクターと視聴者の温度差について、無自覚過ぎた

①は単純です。先方は是非にでも取材して欲しい。そして、面白いと思ってやっている。だから、非常に取材に協力してくれますし、武将メイドの女の子のテンションもマックスだし、まわりの盛り上げ役もテンションマックス。
その雰囲気に飲み込まれてしまい、本当に面白いかどうか吟味していなかったのです。特に、先方が取材して欲しいと思っているような時ほど、これには気をつけなければなりません。

この武将メイドカフェのサービスが面白くなかったわけでは決してありません。店の人

も本当に面白いと思ってやっていたのでしょう。でも、それは一部のメイド好きの人たちにとってのことであり、歴史番組を見ている落ち着いた視聴者にとって面白いものでは無かったのだと思います。

そして、二つめはそこから派生して、特に重要な問題。ディレクターと視聴者は、圧倒的に違う空間でその光景を目撃するということを認識しなければならなかったのです。ディレクターは臨場感あふれる現場、視聴者はお茶の間という落ち着いた場所で、同じ光景を目撃します。

それゆえ、取材対象を面白いと思うかどうかには、かなり温度差が出てきます。面白いと思える沸点が取材現場の方が低いのです。

だからこそ、ディレクターは「面白いでしょ？」という体でこちらに迫ってくる取材対象者には、一定の距離を置かなければなりません。つまり、それにのっかって、取材対象者の側についてしまったら、視聴者とディレクターの間に温度差ができてしらけてしまうのです。

では、どうしたらよかったのか。まず、ディレクターはあくまで視聴者側にたって、取材対象者との間に距離をとり、温度差を作らねばならなかったのです。

そして、先方が面白いと思ってやっていることに無条件に乗っかるのでなく、ディレクターなりの目線を入れてそれを紹介するべきでした。つまり、少し堅苦しいことを言えば、批評性を持ってその事象を撮影すれば、もう少し面白くできたはずだと反省しました。そうしなければ、ディレクターがそこに介在している意味が無いのです。

先方から面白そうでしょ、というオーラを漂わせてくるもの、また取材して欲しそうなもの、そうしたものには、まず無条件にのっかるのではなく、本当に面白いのかどうか吟味する。その上で、取材現場の楽しげな雰囲気に飲まれずに視聴者の側に寄り添い、温度差の有無を確かめる。そして自分なりの批評性を持って取材する。それが大切だと思います。

第四章

「効率」をあげるインターネット活用術

前章まで、現場に出て足をつかい、新しい面白いもの発見するコツを述べました。しかし、だからといってリサーチの手段としてインターネットなどを全く使わないのかというと、そういう訳ではありません。いきなり、街に繰り出して手当たり次第にリサーチをしても効率が悪いだけです。次のような目的のためにはインターネットを有効利用する必要があります。

・リサーチをするための下調べ
・足で発見した物が、本当に新しいものかどうかのネガティブチェック

特に前者についてはコツがありますので、詳しく説明していきます。

まずは、ヤフーやグーグルなどの検索サイトを使って調べるのですが、この際重要なのはインターネットを虱潰しにしようという強い意思です。

検索ワードを一、二個だけ入力して検索し、各検索結果の上から二、三カ所だけを見るというようなリサーチを見かけるのですが、これでは絶対良いものは見つかりません。ポイントは

①「分解」
②「言い換え」

です。たとえば「大阪市内にある空から見て面白いもの」を探す場合、どういうふうに検索するでしょうか。思考を停止させたリサーチだと

「大阪　空から　面白い」

などと、検索してしまいそうです。まさか、そんなバカなと思うかもしれませんが、結

構このレベルでリサーチを済まそうとする人もいるのです。
こんなざっくりした検索で面白いものを見つけられるわけがありませんし、足を使ったリサーチの前段階の下調べにもなっていません。

効率的な検索には「分解」と「言い換え」が必須

まず、大阪を「分解」してみましょう。大阪市には下部構造として、区があります。まず二四の「区」に分解できます。

区による分解

旭、阿倍野、生野、北、此花、城東、住之江、住吉、大正、中央、鶴見、天王寺、浪速、西、西成、西淀川、東住吉、東成、東淀川、平野、福島、港、都島、淀川

といった具合です。さらに、大阪市内には環状線という、東京で言う山手線のような路線があります。

環状線の駅による分解

大阪、天満、桜ノ宮、京橋、大阪城公園、森ノ宮、玉造、鶴橋、桃谷、寺田町、天王寺、新今宮、今宮、芦原橋、大正、弁天町、西九条、野田、福島

といった具合です。一九駅あります。区とあわせて、計四三個に分解できました。これに、もともとの検索ワード「大阪」を入れて四四。しかし、環状線にも「大阪」とだぶっているものがあるから、その分を一つひいて四三個の検索ワードができました。

次に「空から見て」を「言い換え」してみましょう。普通の人は、空から市内を見ることはあまりないと思いますから、検索ワードを変えるべきです。身近に体験して、ブログなどに個人が書き込みそうなワードに変換していきます。

「空から見て」の言い換え案

屋上、屋根、巨大、公園、校庭、工場、銅像、駅舎、マンション、煙突

たとえば、こういうものがあげられるかもしれません。「屋上」や「屋根」というのは、

上空から見える場所について言い換えたもの。「巨大」は、上空からでも目立つであろうものを広くくくった言葉。「公園」「校庭」「工場」「銅像」「駅舎」「マンション」「煙突」などは、上空からでも目立つものを抽象的な「巨大」という言葉ではなく具体的な言葉に言い換えてみたもの、あるいは上空から見える面白そうなものが置かれやすそうな場所を想像した言い換え案です。計一〇個です。

そして、「面白い」の部分。これは「空から」と違って、この言葉自体でも書き込まれる可能性が十分ある言葉ですが、他にも言い換えが可能です。

「面白い」の言い換え案

不思議、見たことない、謎、派手、目立つ、変わった、レトロ、ガラス張り

などでしょうか。「不思議」「見たことない」「謎」「派手」「目立つ」「変わった」は比較的、抽象度が高い、「面白い」を言い換えた言葉です。「レトロ」や「ガラス張り」などは、具体的に言い換えたものです。それにもとの「面白い」を加えて計九つ。

まとめると、「大阪」の分解が四三個、「空から見て」の言い換えが一〇個、「面白い」

の言い換えが九個。もっと分解できますが、どこまで調べるかは、時間次第で判断してよいでしょう。

そして、「旭　屋上　不思議」「西成　マンション　謎」などのように、これらを組み合わせて機械的に検索していけばいいのです。

全部行ったとすると、四三×一〇×九＝三八七〇回検索をかけることになります。一見すると、「多い！」と思うかもしれませんが、まったくそんなことはありません。

足を使い、路上に出て面白い物を探そうと、大阪市をくまなく調べようと思ったら何日かかるでしょうか。どんなに効率よくまわっても一ヵ月はかかると思います。

しかし、検索なら集中してやれば一回につき一分程で処理できます。二〇回の検索のうち、読むべき面白そうな記事が一つ見つかって二分読んだとします。

これでも三八七〇＋一九三・五×二＝四二五七分です。わずか、七一時間でおわる計算になります。「空から日本を見てみよう」ではディレクター一人、AD二人でチームを組み、リサーチをしていましたから、三人でやれば二日ほどで終わってしまいます。路上に出てむやみやたらに探すより、よほど効率的なのです。

重要なのは、予めきっちり分解、言い換えをして一覧にしておくことです。初めの分解、言い換えをきっちりやりきらないで、適当に一回一回、検索ワードの組み合わせを考えながら検索すると、漫然とした作業になり、時間がいくらあっても足りません。また、重複する検索ワードの組み合わせも発生し、効率的でもありません。

何度も言いますが、「新しい面白さ」を発見するには、リサーチが肝です。そのためには、足を使わなければなりません。しかし、そのための基礎的な作業として、インターネットによる効率的・網羅的な調査は、避けては通れない道だと思います。

以上は、ヤフーやグーグルなどの検索サイトを使用することを念頭に置いていますが、次に、リサーチに命をかけるテレビ番組を作る上で、使いこなせると便利なツールをいくつかご紹介しておきます。

†日経テレコン

日経テレコンとは、日本経済新聞社が運営する新聞や雑誌記事の検索サイトです。読売新聞、朝日新聞、毎日新聞、産經新聞などの大手新聞をはじめ、地方紙、週刊東洋経済、週刊ダイヤモンド、プレジデントなどの有名な経済雑誌、さらには月刊近代食堂、報知高校野球、月刊食品工場長などといったマニアックな雑誌まで、一四にも及ぶ媒体の記事を過去三〇年間（日経新聞に関してはそれ以外にも明治から戦後に至る記事も）一括して検索できる便利なシステムです。

たとえば「カイワレ大根」について調べたいという場合には、一括検索で「カイワレ大根」と打てば、カイワレ大根料理から、Ｏ１５７事件まで、過去の様々な記事が出てきます。

あるいは、「激おこぷんぷん丸」という言葉がざっくりいつ頃からメディアで使われ始めたかを知りたい場合には、このキーワードを入力し一覧表示される記事の中からもっとも古いものを見つければよいわけです。

また、時代とともに、言葉がどういう意味でとらえられるようになったかの変遷も知ることができます。「不倫」という言葉を検索すれば、時代ごとに記事を読み比べることで、「不倫」が昭和と平成でどのようなイメージの違いがあるのか知ることができるでしょう。日経新聞とテレビ東京がグループ会社だから言うわけじゃありませんが、かなり便利でいろいろな使いみちがあります。

しかし、問題が一つあります。それは、有料だということです。しかも、グループ会社だからあまり声を大にしていえませんが、個人で支払うにはけっこう高いです。

登録に八〇〇〇円。そして記事を検索すると、見出しを一つ見るだけで数十円、記事を読むと数百円かかります。丹念に調べるなんてことをすると、あっというまに一万円いってしまいます。

もちろん、高い安いは、主観的な問題でサービスの内容を考えれば決して高くはないし、主に法人の利用を念頭に置いているのでしょうが、ちょっと個人で払うのはためらわれるレベルです。日経テレコン自身の発表によれば上場企業の約七〇％が法人契約しているらしいので、もしお勤めの会社が契約しているようなら利用してみてもいいかもしれません。

会社が契約していても意外と知らない社員が多く、利用されていないという場合も多いようです。では自分の会社が契約していなかったらどうするのか。これにはちょっとした裏技があるので、あとでご説明します。

†CiNii Articles

このサイトは、論文や図書・雑誌などの学術情報がデータベース化されており、それをワードや著者で検索できるシステムです。学会や協会の刊行物・大学研究紀要から、週刊誌にいたるまで、様々な媒体に掲載された約一五〇〇万本の論文を検索でき、三七〇万本は本文もデータベース化されています。

一部サービスは有料ながら、基本的な検索、閲覧は無料です。

たとえば、第二章の「海食崖」について調べようと思ったら、検索ワードに「海食崖」と打ち込むだけ。すると、最新の研究として、

「開聞岳火山南麓の海食崖のデータベース」

（片平要、奥野充『月刊　地球』二〇一二年五月、海洋出版）

「津波が破壊しうる海食崖の崖高の推定：波圧と崖内部応力を考慮した力学的アプローチ」

（小暮哲也、松倉公憲『地形』二〇一二年一月二五日、日本地形学連合）

「観光地の自然学　隠岐諸島　島前――世界ジオパークをめざす豪壮な海食崖」

（小泉武栄『地理』二〇一一年九月、古今書院）


などが論文発表の時系列で表示されます。番組で海食崖について調べる際には非常に便利でした。しかし、そんな目的などなくても『地形』『月刊　地球』なんて雑誌があるのを知ることが新たなネタ探しのきっかけになることもあります。また、その雑誌名のとこ

ろには、リンクが張られており、その雑誌の他の特集も知ることができるのです。

さらにこの検索サイトが素晴らしいのは、このような、お固い学術分野ばかりではないという点です。

僕は以前「ジョージ・ポットマンの平成史」という番組をやっていたことがありました。これは、「ファミコン」「音楽」といったサブカルチャー的な題材、「SNS過剰依存」「逆ギレ増加」などの社会的な問題から「人妻」「童貞」「巨乳」「ラブドール」といったお下劣にも程がある題材まで、真剣に過去の歴史や言説の変遷を辿っていき、平成時代を生きる人々に、それらがどういう影響を与えているかを研究する番組でした。

リサーチとして、過去の論文や雑誌の記述を探すのですが、そうした番組を作る際、このサイトは非常に有益です。

たとえば、中二の男子のごとく、検索ワードに「セックス」と打ってみます。すると、最近の論文として

「特別対談 愛の伝道師 杉田かおる×本誌美人編集者　芸能人だから知っている本当に気持ちいいセックス」

（杉田かおる、M子『週刊現代』二〇一三年二月一六日、講談社）

「毎日肉体をトレーニングしている運動神経抜群女子アスリートのセックス探訪」

（『週刊現代』二〇一三年二月二日、講談社）

「官能対談　仰天！セックスカウンセリング　壇蜜の性生活をカリスマ美女医宋美玄が根掘り葉掘り」

（壇蜜、宋美玄『週刊ポスト』二〇一三年二月一日、小学館）


といった、「これ、学術論文？」というしょうもない記事から、

「セックスと嘘と新・重慶事件：中国」

（『Newsweek』二〇一二年一二月一二日、阪急コミュニケーションズ）

「特別講演　神話に見る日本人の性：出雲神話を中心とした一考察」

（北垣秀俊『日本性科学会雑誌』二〇一二年九月、日本性科学会）

「セックスレスに関する当センターでの取り組み」

（永尾光一、尾崎由美『日本性科学会雑誌』二〇一二年九月、日本性科学会）

「フェミニストとセックスワーカーの対話は可能か？」
（『女たちの二一世紀』二〇一二年一二月、アジア女性資料センター）

などなど、まじめな学術論文や、ルポっぽいものまで様々な記事が出てきます。「セックスレスに関する当センターでの取り組み」、非常に気になるところです。

また、表示を古い順にすることもできるので、「セックス」で古い順に論文を検索すると、

「もしセックスに関する史料が存在するならば――日本歴史における〝Ｉｆ〟の問題」
（中村孝也『日本歴史』一九五一年一〇月、吉川弘文館）
「性（セックス）について」
（堀秀彦『理想』一九五四年三月、理想社）
「仏像のセックス」
（小山いと子『芸術新潮』一九六三年四月、新潮社）

などなど歴史学、生物学、芸術などの分野の知識人によるセックスに関する論文がわんさか。もう気になる論文だらけです。

「仏像とセックス」は読んでみたいけど、なんとなく想像がつく。でも、雑誌『理想』ってなんだろう。かなり気になります。また、かなりお固そうな吉川弘文館の雑誌に、セックスの歴史史料の有無に関する論文を書く中村孝也さん、何者？

このようにして、わきあがってきた疑問を掘りおこしていく中に、番組になるような「新しい面白さ」を探していくのです。

たとえば、中村孝也さん。調べてみるとこの方、明治一八年生まれで、国史を専攻。昭和天皇・香淳皇后に、仁徳天皇に関するご進講を行ったほどの人物。なんと戦前は東京帝国大学教授をつとめていた超王道中の王道の歴史学者だったのです。

戦前の主な著作は、

『江戸幕府鎖国史論』（一九一四年）
『元禄及び享保時代における経済思想の研究』（一九二七年）
『白石と徂徠と春台』（一九四二年）

そんじょそこらの軟派な歴史学者とは、一線を画すガチ度がわかると思います。

しかし、一九五一年、突然「もしセックスに関する史料が存在するならば――日本歴史における〝If〟の問題」。

いったい、彼に何があったのでしょうか。

実は、この中村孝也、戦前、国粋主義的な著作も多く書いていました。そのため、終戦とともにGHQにより、教員不適格者と判定され、大学教員として教壇に立つことができなくなってしまったのです。

その後、教員不適格者を解除されてからは、明治大学教授に就任していますが、それが一九五二年。つまり、東大をやめ、まだ明治に就職が決まる前、空白の期間に「もしセックスに関する史料が存在するならば―日本歴史における〝If〟の問題」は書かれていたのです。いったい、何故なのか。何かが吹っ切れたのか、売文家として生きていく覚悟のようなものができたのか、厭世気分に襲われたのか。

その理由をあれこれ考え、そこに波瀾万丈のドラマがあったのではないか、などと考えてしまいます。

真相は、この論文検索サイトの世界から飛び出し、それこそ足を使って当時の知人や弟子を探しあて、インタビューなどしてさらに掘っていかねばわかりません。

これだけ物語があれば、この人で、三〇〜六〇分の番組が作れそうな気がしてきました。と、まあこんな風にして、番組のテーマをあれこれ考えるのです。やはり、こんな誰も見ないような雑誌や論文がゴロゴロしている論文検索サイトのように、普通の検索サイトとは違うツールに目を向け、それらで情報収集をする。それだけで、ありきたりの情報ではない、「新しい面白さ」を探し当てるための近道になると思います。

†日本の古本屋

ここまで述べてきたように、インターネット上には多くの情報があふれていますが、本の世界にも「新しい面白さ」を発見するヒントがたくさん隠されています。

テレビでは、雑誌や書籍をリサーチして、それを紹介することがあります。たとえば、本の「ラーメン特集」に載っていた店を番組の中で紹介するという方法です。

あまり好きではありませんが、実際こういうリサーチは非常に手っ取り早いから助かりますし、僕も使うことはあります。

本の読者とテレビの視聴者は完全には重なっていません。それゆえ本を読まないテレビの視聴者にとっては新しい情報となりますから、紹介することに一定の意味はあるのです。

しかし、新刊である場合、本もメディアとしてはテレビのライバル。それゆえ、本で紹介されてしまっている以上、それはその本に「新規性」があり、テレビは二番煎じに過ぎません。

また、このリサーチ方法には問題点もあります。それは、テレビがこの方法に頼りすぎると、各テレビ局で扱う情報が似てきてしまうという点です。つまり、どのチャンネルでも見たことのあるラーメン屋ばかりになってしまう。

これでは、視聴者に飽きられてしまい、お互いに損をしてしまいます。特にテレビ東京の場合、赤坂やお台場のテレビ局の予算の五分の一で、そのラーメン屋を撮影しなければなりませんから、そのまま勝負しては負けるに決まっています。

ですから、このリサーチ方法が有効なのは、本当に一番乗りでその本の内容を紹介する場合に限ります。書店で新刊コーナーに足しげく通い、パクれる内容がありそうな本に目を光らせるのです。

しかし、これは有益な情報を持つ、数少ない限られた新刊を紹介するスピードを競い合う消耗戦ですし、作り手としてあまり面白いとは思えません。冒頭で紹介した「伯楽としての楽しさ」のようなものがあるかもしれませんが、所詮人のふんどしでとる相撲。「物作りの楽しさ」は、あまりそこに無いように思います。

本をリサーチの材料とする場合、次のような二つのポイントを意識すると「新しい面白さ」を追求しやすくなると思います。

①独自の視点で複数の本を体系化しなおして全く新しい視点を得る
②新刊ではなく、古本に目を向ける

①に関しては、その言葉のとおり、一つの本にまるまるのっかって番組を作るのではなく、ディレクター独自の目線で複数の書籍の情報を料理することです。これは、何もテレビ作りに限ったことではなくて、会社の資料を作る際、学生ならば卒論を書く際にも経験する作業であり、もっとも基本的な作業だと思います。

考え方としては、先に触れた氷川丸と三溪園の例に近いかもしれません。メジャーで紹介され尽くしたいくつかの題材を、切り口を変えてくくり直すことで、「新しい情報」としての価値を生み出すという考え方です。

二つ目に関しては、大学時代のある経験からそう思うようになりました。僕は、昔から華やかなオールラウンドサークルや、スポーツサークルに所属してイベントや飲み会に精を出すというタイプではありませんでした。

大学時代は、大学図書館にこもり、二二時の閉館まで本を読んだりして過ごすことが多かったのです。

比較的学生に使われそうなメジャーな本が陳列されている地上階ではなく、昔の本などが並ぶ地下室の書庫をぶらぶらと歩いていた時に、一冊の本を見つけたのです。

その本は大正一四年に書かれた『自由恋愛と社会主義』という本でした。なんて、くだらない切り口の本だ。しょうもないにも程がある。すぐに読んでみることにしました。

内容自体は、面白さをねらって書かれたものではなく、至って学術的でまじめ。だからこそ、余計面白く感じられました。

作者は守田有秋という評論家。あまりメジャーではありませんが、記念すべき不敬罪の第一号という香ばしい人物です。ゴリゴリの社会主義者であった山川均と共に『青年の福音』という雑誌で皇太子の結婚について論じたことにより逮捕されたのです。

そんなガチガチの左翼かと思いきや、他の著作に目を向けると昭和六年には、『同性愛の研究』なる著書も。

そんな魅力的な作者なのですが、それはともかく、「恋愛」を「社会主義」という視点で切るというのは、決して現代に生きる人々からは生まれ得ない発想です。

現代人が書くならば、どちらかというと『自由恋愛と資本主義』というタイトルではないでしょうか。TSUTAYAの自己啓発本コーナーにありそうなタイトルです。

これには、何の面白さも感じられません。ありふれていそうなタイトルですし、内容も、どうせ金と恋愛の話かな、と想像がついてしまうからです。

しかし、大正時代に作者は大真面目に「自由恋愛」と「社会主義」の関係に興味があったのです。それが現代によみがえると「新しい面白さ」に感じられる。

なぜなら、古い価値観や視点は、時を経ると、当時と違う時代性や文脈の中で見つめられることになるからです。そこに、「新しい面白さ」が発生してくる余地があるのです。

新刊の世界には、多くのライバルテレビ局も群がるし、すぐに露出過多になり、「新しさ」は色あせてしまう。

しかし、かなり時代を隔てた古書の世界には、新刊の何万倍、何十万倍もの広大な宝の山が広がっており、しかもそこにネタを見出そうとするライバルも少ない。そして、既に発表された情報が、時代を経て、現代のまったく違う価値観の中で見つめ直される。すると、それは「新しい面白さ」になるのです。過去に作った「ジョージ・ポットマンの平成史」という番組では、この「新しい面白さ」を持つ、過去の遺物探しを番組の大きな核に据えていました。

そんな古本を探しあてる際に便利なのが、「日本の古本屋」です。全国古書籍商組合連合会に加盟する一〇〇〇社近い古書店が参加し、タイトルや、著者を入力するとその在庫がある店舗が表示されるのです。古本専門のサイトだけにアマゾンでは手に入らない古書も多くあり、そのままネット上で注文できます。また、その在庫がおいてある古書店名と、電話番号、住所も掲示されています。

テレビの世界のリサーチでは、早さも重要です。なので、どうしても今日中にその書籍を手に入れたければ、見つけた古本が存在する書店に電話してすぐに取りに行くということも可能なのです。この、一日、半日の差が、オンエア前には致命的だったりします。

その意味で、「日本の古本屋」は「新しい面白さ」を発見するためのリサーチにおいて、非常に重宝するサイトです。

†国会図書館検索サイト

そして、日経テレコンやＣｉＮｉｉ　Ａｒｔｉｃｌｅｓ、日本の古本屋で調べても、手に入らない場合に利用するのが、国会図書館の検索サイトです。

国立国会図書館とは、ざっくり言えば日本の全ての本を集めている図書館です。もう少し詳しく言うと、一九四八年の国会図書館法の成立により設立された図書館でそれ以降に出版された本は原則としてこの図書館に納本しなければならなくなったので全ての本があることになっています。

その他にも、戦前の帝国図書館の蔵書や古典なども収蔵されている日本一の図書館です。

便利なもので、現在では国会図書館までいかなくても、インターネット上で様々な検索ができます。しかし、様々な機能や情報があるがゆえに、サイトが非常にゴチャゴチャしていてわかりにくいので、僕たちがよく使う便利な検索機能をわかりやすくまとめておきます。

1「国立国会図書館サーチ」

国立国会図書館のトップページから簡単に見つけられます。この検索では、国会図書館や、その他提携している図書館などの蔵書をキーワードや著者名などで検索できます。平成や昭和のみならず、大正、明治、場合によっては江戸時代のものまでリサーチしたいテーマに関する本などを見つけられます。

2「電子図書館」

これも、国立国会図書館のトップページから簡単に見つけられます。この検索がおどろきなのは、キーワード検索をかけると、目次や本文にその検索ワードが含まれている書籍や論文などを見つけることができます。

たとえば、「牛丼」というものの認識が、時代によりどう変化したか、ということを調べたいとき、「牛丼」「牛めし」というキーワードで検索をしてみるとタイトルに「牛丼」「牛めし」と名前のつく書籍だけでなく、全く関係のないタイトルでも、本文に「牛丼」という言葉がある書籍も出てくるのです。

古そうなものでは、大正六年に三谷素啓という人物が記した『自活之指針』という本。この本は、自力で生活するための「お仕事カタログ」みたいな本です。大正版『13歳のハローワーク』といったところでしょうか。そんな意外な本に、牛めしに関する記述がありました。

そこには、元手がかからず、手っ取り早く稼げるオススメ職業として牛めし屋が紹介されているのです。下谷、浅草、本所、深川あたりでやれば、労働者が腹を空かせているのでまず間違いないと。

ちなみに著者の三谷素啓は、柳田國男の『故郷七十年』によれば、創価学会の創設者の一人・牧口常三郎を日蓮正宗に折伏したという、香ばしい人物。なぜそんな彼が、かくのごとく牛丼屋を勧めるのかは、よくわかりません。調べ甲斐のありそうなテーマです。

ともあれ、大正のころになると牛めし屋台が乱立し、人気を博していた様子が十分にうかがえます。

しかし、庶民の間では人気のあった牛丼も、中流階級以上では少し様子がちがったよう。大正四年に出版され、中流階級について書かれたエッセイ集『腰弁ノート』では、第七六章「焼きとりと牛丼」で、

「牛丼なんてものは、他の店で客が鍋に食い残した肉の欠片を買ってきて、再調理した残飯だ。そんなもの、中流人士が常食するもんじゃない。安いからと言って牛丼なんてもの

を食べるのは、大企業で正直者ではなく狡猾なものを重用する、あるいは恥を知る潔い人物ではなく、軽薄なものを重用するようなものだ。けしからん！」

と、牛丼をケチョンケチョンにこきおろしています。

このように、牛丼黎明期に関する面白い記述が、この電子図書館を使えば、さっくり調べられます。

実際に「牛丼」をテーマにテレビ番組を作ろう！ということになった際、このサイトでリサーチをすれば、よく夕方のニュースで見るような「すき家VS吉野家VS松屋　仁義なき値下げ戦争！」みたいな番組とはひと味違った切り口の企画を作ることも可能。

この電子図書館はまだ、一部の書籍などにしか適用されていませんが、ネットで調べるのとはひと味違う、深みのあるリサーチを行いたい時にはオススメです。

これらは、全てインターネットで利用できる検索システムです。これだけでもリサーチをする上ではかなり助かるのですが、さらに国会図書館に行くと素晴らしいメリットがたくさんあります。

先ほど紹介した日経テレコンの他、百科事典や辞書をデータベース化しているジャパン・ナレッジプラスなど、さまざまな有料の検索システムが、国会図書館でならタダで利用できるのです。経費をかけずにリサーチの質をあげたいのならば、利用しない手はありません。

テレビ番組をつくる上で「新しい面白さ」を探すことは非常に重要です。そしてそのためには、足を使うことがもっとも近道であることも述べました。

しかし、そのために下準備をしておくとおかないとでは全く効率と質が異なってきます。それが、インターネットと、本という過去の知の遺産を出来る限りあらうことなのです。それを行う際、この章で述べたようなコツとツールを作り手が知っているといないとでは、番組の質に大きな差がでてくるのです。

第五章　「素の良さ」を引き出すための演出法

演出とは聞き慣れた言葉のようで意味がよくわからない言葉です。ドラマなどで「演出家」といえば、俳優さんに演技をつけたりする監督のことを意味します。

だからでしょうか、テレビ業界の中でさえ、テレビ番組で「演出」というと、ありもしないことを仕組んで、物事を面白くする「やらせ」の一歩手前みたいなイメージをもたれている方もいるかと思います。

しかし、それは大きな間違いです。というかむしろ正反対だと思います。演出というのは、物事を表現する際に、それを最も効果的に見せる方法を追求することです。

つまり、情報バラエティー番組やドキュメンタリー番組の文脈では、演出というのは、「素の良さをもっとも引き出すための方法」なのです。

そして、テレビのディレクターとは、日本語に訳せば「演出家」。つまり、この演出こそディレクターの仕事の本分だということになります。

そこでこの章では、「物事の魅力を最大限引き出す演出テクニック」をご紹介していきます。

†ポジショントークに気をつける

はじめに、人物の素の魅力をひきだす術に関して紹介していきましょう。

その一つ目が、「ポジショントークに気をつける」ということです。ポジショントークというのも、もとは株式市場や金融の世界で使われる言葉で、自分が持っている株や通貨に有利になるように、著名投資家などが市場予測を行うことです。

ここまで露骨ではありませんが、人間は誰しも自分の立場を有利にしようとして発言することがあります。そうではない場合でも、カメラを前にすると自然と本来の自分とは違う自分を演じてしゃべってしまうことが多々あります。

そのような「演じて」しまっている「ポジショントーク」は、あまり視聴者の心にひびきません。時に、寒々しい印象を与えてしまうこともあります。

だからと言って、ポジショントークはゼロにすべきかというとそうではありません。ポジショントークも、真実を構成する要素の一つですから、全く使えないわけではないのです。しかし、それだけでは、人の内面に真にせまれてはいない。だから、ポジショントークだけではなく、それに加え、ほんの少しでもホンネの部分を引き出し、その二つを混ぜて使うことで、より深みのあるＶＴＲを目指すのです。

†ネガティブなことを言ってみる

そんなポジショントークをくずして本音を引き出すテクニックのひとつが、「ネガティブなことを言う」ことです。

これは昔、鬼のように怖いディレクターの下についていた時に、そのディレクターがよく使っていたものです。

鬼とはいえ、それはあくまでスタッフに対してです。取材先には当然、社会人として丁重に接していて、インタビューも普通に丁寧なのですが、いつもインタビューの最後の方に機を見て、けっこうぶっきらぼうに相手にとってネガティブなことを言うのです。

何かを頑張っている人に対して

「でもそれ、結局何の意味があるんですか？」

ガーデニングが自慢の人に

「正直、良さはどこなんですか？　パッと見、わからないんですけど」

などなど。あまり、詳しく言うとその鬼ディレクターが特定されてしまい、怒られそうなので、フワっとしか述べていませんが、こういう質問をすると、たいていその後に、結構強い口調で本音を語ったり、引き出せていなかったこだわりをさらに熱く語ったり、そんなものがあるとはつゆ知らなかった波瀾万丈の過去を語りだしたりすることが多々あったのです。

これは、使い方に注意しなければなりませんし、そこまでしてもよい信頼関係を築くのが大前提ですが、相手の素の魅力を引き出す有効な手段の一つだと思います。

†イベントをしかける

素材の良さを引き出す、というと演出しなくてもよいのではないか、傍観者に徹すればよいではないかと思ってしまいがちですが、そうではありません。

場合によっては、こちらから取材対象者の素の魅力を引き出すようなイベントをしかけることも必要となります。

なぜなら、テレビの取材期間は非常に限られているからです。

二〇〇九年にNHKで放映された「ヤノマミ――奥アマゾン・原初の森に生きる」というドキュメンタリー番組があります。アマゾンの奥地で一万年以上、独自の風習を守り続けてくらし、「最後の石器人」とも言われてる民族を追いかけたドキュメンタリーです。

この番組は一〇年以上にわたるブラジル政府との交渉の末、一五〇日もの長期にわたる密着取材を行った作品です。

非常に優れたドキュメンタリーで、多くのテレビマンの間でも話題になりました。このような大きな番組の種をまいておくのは大切なことです。

しかし、多くのテレビのディレクターにとって、このような大がかりなロケを行える機会は一生に一度あればよい方。それどころか、九九％の人々は、このようなロケはできません。

僕が今担当している「世界ナゼそこに？　日本人」は、一本のVTRの製作期間は一カ月ほど。うちロケに使える時間は二週間ほどです。

その前の「空から日本を見てみよう」はドキュメンタリーではありませんでしたが、一つの地域に密着するのは、一カ月ほどでした。

これでも一般の番組の中では恵まれている方だと思いますが、ヤノマミの製作期間とは比べ物になりません。

だからと言って、あきらめる必要はありません。ヤノマミは確かに名作です。しかし、取材を行う期間とクオリティは一定の相関関係はありますが、絶対的なものではありません。

番組のクオリティというのは、切り取る時間の長短だけで決まるものではないのです。

だからこそ、先に述べたように、取材対象者の素の魅力を引き出すために、時に「イベントをしかける力」が必要だと僕は思います。

特にテレビでは、二週間でその人の魅力を引き出さなくてはなりません。そのためには、「静かに」、「自然に」イベントを起こす力が必要です。

先述した、ドキュメンタリー番組でペルーのスラム街を取材した時のことです。

そこで、六八歳になる日本人のおばあさんが、スラムの人々が現金収入を得られるように、一生懸命編み物を教えていました。

スラムの人々にインタビューをすると

「本当に感謝している」

「ありがたい」

などと、感謝の言葉を口にします。

これでも、一応この日本人の女性に対する感謝の念は伝わってきます。

しかし、命の危険すらあるペルーのスラムで一〇年以上教え続けた凄さを、そしてそれに対してスラムの人たちが言外に抱いている本当の感謝の気持ちを十分に表していないと、僕は思いました。

そこで、もともとあったイベントに、さらに少しだけ提案を加えたのです。

ペルーでは、「母の日」を盛大にお祝いする風習があるのですが、スラムの女性たちはそこに毎年その日本人の女性を招待していると聞きました。

ちょうど取材期間中に「母の日」のお祝いがあり、今年も日本人の女性を招待するというのです。

「同じ日本人でしょ？　どうしたら、彼女が喜ぶかな？　教えてくれない？」

取材中、なんどかこっそり、スラムの女性たちにたずねられました。

そこで、僕は
「せっかくなので、日本人の女性に手紙を書いてみない？」

と提案したのです。

そうすると、スラムの女性は大喜びでした。

「それは、いいサプライズね！」

たしかに、いつも顔を合わせている人物に手紙を書く機会などそうそうありません。

でも、どんな手紙になるのかな。あまり教育を受けていない人も多いときいていたから、ちゃんと書けるか心配していました。

しかし、杞憂でした。

そのスラムの女性たちが書いてきた手紙の抜粋です。


今日、母の日を迎えました。

私たちはこの工房で素晴らしい女性と出会いました。

あなたと一緒に働くことに誇りを持っています。

あなたは私たちの母親です。

あなたが来た日から私たち家族の生活は変わりました。

私たちはそれ以来日焼けもせずに、暖かい所で暮らすことが出来ます。

あなたは何も言わずに私たちの生活、健康のことを心配してくれています。
あなたに対して感謝の言葉を伝えきれません。
本当に私たちにとってとても大きな存在です。
これからも一緒に居続けられたら……
本当に感謝します。

こんな内容の手紙でした。先のインタビューでは、「本当に感謝しています」とか、「ありがたい」などという抽象的な言葉での感謝でした。それは、本心ではあると思います。しかし、実際に幾日か、じっくり考えて手紙として出てきた言葉はまるで違う説得力があります。

「日焼けもせずに……」というくだりなどは、僕らが思いつかない、まことに現地のスラムの人ならではの感謝の表現だと思います。

この日本人の編み物教室が無かったら、本当に家が無く、野外で寝たり、女性でありながら厳しい肉体労働に従事しなければならなかったのだという切迫感が伝わってきます。僕らには見えないところに、そういう事情があったのです。

インタビューでの「ありがたい」というコメントだけでなく、この手紙があったからこそ、わずか二週間という短い滞在日数の中ですが、一〇年以上、日本人のその女性が頑張った痕跡と、彼女とスラムの人たちの心の深い交流を、より正確に描けたのではないかと思います。

思えば、ディレクターと取材対象者というのは、中学校の理科の実験で習った二酸化マンガンと過酸化水素水のような関係なのです。つまり、ディレクターは、時に触媒のような役割を果たさなければならないのです。

過酸化水素水というのは無色透明です。それも、ひとつの真実です。しかし、「過酸化」という名の通り、目には見えないけれど多くの酸素を含んでいます。二酸化マンガンという触媒がそこに介在することで、その酸素がぼこぼこと目に見える泡となって顕在化してくるのです。

もちろん、取材対象者のありのままの姿を撮ることも重要です。

しかし、それを押さえた上で、ディレクターがそこに介在することによって、取材対象者の普段は見られない一面、心の奥底に隠れた思いや人柄が表れてくる。

限られた時間のなかで取材をする、あるいは取材対象者の方があまり感情を表に出すタイプではないような場合、取材対象者の魅力を最大限引き出すためには、ディレクターは、時に、この二酸化マンガンのような存在にならなければならないのです。

人の真の魅力を掘り下げるインタビュー術

インタビュー術なんて書きましたが、おおげさ。とてもシンプルで簡単。しかし全てのインタビューに共通する基本的なことを述べてみます。

「一つの問題に対し、『なぜ?』と五回掘ってみるといいよ」

僕は、OB訪問に来て、テレビ局に入りたいという学生に対していつもこうアドバイスします。

テレビ局に入りたい、という人がいたとしたら

①なぜ?

「テレビ局で番組作りがしたいから」

②なぜ?

「よくよく考えると大学時代に入った中国語サークルや、興味を持って勉強した生物学など、大学時代に行ったことの多くが、高校時代に見たテレビ番組で興味を持ったものだっ

たから」
③なぜ？
「やはり、テレビは本より断然、一〇倍くらい影響力が大きいから」
④なぜ？
「テレビは活字に加え、映像、音楽などを駆使して訴えるメディアだから」


これは僕自身のテレビ局の志望動機の自問自答ですが、四回で終わってしまいました。でも、何となく志望動機は完成です。

よく、一回だけ「なぜ？」と聞いてインタビューしたつもりになっていることがありますが、それでは、その取材対象者の素の魅力は全然、描ききれていません。

たとえば、途上国で貧しい人のためにボランティアをしている女性がいたとしましょう。

そこで、ディレクターが質問します。

「①なぜ？」

女性は、こう返してきました。

「私は修道女になりたかったんです。で、いろいろ相談していた神父様に勧められて」

この答えを受けて、

「宗教の影響でボランティアをしているのか。別段悪い話でもないけれど、日本にはキリスト教徒の方は少ないし、なかなか伝わりにくい話だから、使わないでおくかな……」

こう考えたとしたら、ディレクター失格です。

そこから、なぜを何回も掘り下げるべきです
「②なぜ修道女になりたいと思ったのですか？」

「母もキリスト教徒だったもので、その影響です」

「③なぜお母様の影響をそこまで受けているのですか？」

「実は、若いころに母を亡くしているんです」

「④なぜ、小さいころお母様を亡くしているのに、そんなに影響を？」

「実は、私が母を殺したようなものなんです」

「⑤なぜ母を殺したと思われるんですか？」

「わたしは、母が死ぬ直前に、一生懸命私のためにご飯を用意していてくれたのに、その食事に文句を付けたんです。頭がいたいから、と言って、ほうれんそうのおひたしに、おかかをまぶしたものだけで、あまりに貧相だったので。

でも、後にその原因が脳のガンだとわかったのです。それがわかった時に、非常にショックでした。

病気で辛いのに、一生懸命、おかかを掻いて、私たちにつくってくれたほうれんそうのおひたし。

なのに、私はなんてひどいことを母に言ってしまったんだろうと……」

これは、実際の取材中のやりとりを、少し例としてわかりやすくするため、細部をいじって脚色し、擬似再構成したものです。両者の違いを見てみましょう。

Q「いったい、なぜ途上国という過酷な環境で、この女性はボランティアをするのか？」

A①「キリスト教徒だから」

これが、①の質問どまりで得た答えです。

間違いではありませんが、取材対象者の真の気持ちを掘り下げられてはいません。
⑤まで、インタビューして掘り下げてみた場合、結論は全く異なります。

Q「いったいなぜ途上国という過酷な環境で、この女性はボランティアをするのか？」
A⑤「幼少期お母さんの死に際に、非常に後悔する出来事があった。彼女は、ずっとそれがひっかかっていた。だからこそ、せめてもの罪滅ぼしに、母が進んだ道と同じ道を歩み、また罪滅ぼしの意識も加わり、貧しい国でボランティアをしているのだ」

という結論になります。

まだ、これで掘り下げきれているかどうかはわかりませんが、①の段階の答えよりは遥かに、取材対象者の優しさや生き様、つまり素の魅力に迫れているのではないかと思います。

だから、まずインタビューする際に「なぜ？」を五回。これを肝に銘じればよいでしょう。

これは、インタビューや就職活動のみならず、普段の人間関係を構築する上でも、使えるテクニックかもしれません。

たとえば、気になる好きな人がいたら、飲んでいる時にでも、さりげなく「なぜ×五」で掘ってみて、どんな人なのかを探ってもいいかもしれません。

ただし、あからさまだと不審がられるので、間をおいて、うまくやってみてください。

†うんこの魅力すら語れるようにしておく

ここまで、人物に焦点をあててきました。次に風景を題材に魅力の引き出し方を考えてみます。

富士山を撮影するとします。本当は、気持ちよく澄み渡る快晴の空に映える富士山を映したかった……。

しかし、いざロケ地に来てみると、ざんねんながら雨。さぁ、こんな時どうするか。

映画の世界には「天気待ち」という言葉があります。そのシーンにピッタリの天気をずっと待って、どんぴしゃな天気が来たら撮影を行うという意味です。これは、予算と製作期間に比較的余裕のある映画だからできることです。

テレビは、刻々とオンエア日がせまってきますから、「天気待ち」が必ずできるとは限りません。

では、どうしたらよいのか。それは「雨」に魅力を見出す努力をすることです。

晴れには晴れの魅力がありますが、雨には雨の魅力があります。水面の波紋、葉からしたたる水滴、そして晴れの日には聴けない雨がふる「音」。そうした要素をどう利用したら、富士山を美しく撮れるか。あるいは雨上がり直後を狙えば濡れた地面の反射を利用して晴れだけの場合では切りとることのできない新しい魅力・美しさを持つ構図を発見できるのではないか（写真⑮）。こういう臨機応変でとことん前向きな考え方がディレクターには必要です。

⑮雨上がりの地面の反射を利用した画（アフガニスタン・ヘラートのモスク）

ロケというのは、思い通りにいかないことだらけ。ですから、素の良さを引き出すために一番重要なのは、臨機応変に物事の魅力を見出す訓練をしておくことです。

　さらに、今取りあげた「雨」に関して、ある番組で、自分では思いつかなかった演出を見せつけられ、「ハッ」とさせられたことがあります。

　それは、TBSの「THE・世界遺産」という番組でした。この番組は、毎回とある世界遺産をとりあげ、圧倒的な映像美で見せていくのですが、その日の世界遺産は中国の杭州にある西湖という湖でした。

普通、景色を撮影する「実景」というのは、光の量が強く、色味がはっきりでるので、晴れた天気の日に撮影することの方が多いのです。

しかし、この日の西湖特集は小雨やモヤのたつ景色の映像が中心でした。しかし、なかなかに美しいのです。途中であきることもなく、ずっと見られました。そんな感じで何となく見ていくなかで、驚かされたのが、最後の最後、エンディングシーンです。

西湖を長年描き続けているという画家が出てきて水墨画を描きながらこういうのです。

「雨の日の西湖が一番美しいと思います。なぜなら、想像力をかきたてられるからです」

と。あまり多くは語らず、ほぼこの一言です。

他局の番組ながら見事だな、と思いました。

そもそも、「雨」を狙いにいって撮影したのか、撮影にいったらまったく晴れずに困って雨を撮影したのかわかりません。

でも、なかなか初めから雨を狙ってとりにいくというのは、少ないと思いますから、後者だと仮定しましょう。

なかなか晴れないので雨降る西湖を美しく撮影する。それだけで普通は十分だと思うのですが、さらに最後の最後で、西湖は雨の日が一番美しいという水墨画家のコメントまで入れ、それまでの雨の映像を再び思い出させる。

思わず、録画していたものをもう一度みてしまいました。

確かに、水墨画というのは白と黒で描かれます。色が無い分、普通の絵画より、想像や解釈の余地が大きく、それが楽しみでもあるのです。

西湖はこの画家だけでなく、古くから多くの画家によって水墨画で描かれてきた風景でした。

そんな西湖に雨が降っている。

晴れていることの一番の魅力というのは、光が強く、赤なら赤、青なら青、と色が鮮明に浮かび上がることです。だから、雨の日というのは、その逆で、光が弱く、色があまり鮮明に出ないのです。これは、一般的には、撮影する上でデメリットであると考えられます。

しかし、この西湖の場合は、そのデメリットを逆手にとってメリットであるととらえたのではないかと思います。

色をあえて表現しない水墨画に長年描かれ愛されてきた、西湖の美しさを最も表現するには、色があまり浮かび上がらない「雨」の日が最適であると。

普通デメリットである「色を落とす」ということを、メリットとして活かしたことは、それまで一度も無かったので非常に目からウロコが落ちる思いがしました。

このように、一見ネガティブと思われがちな事態に遭遇しても、そこに魅力を見いだすことが、ディレクターには求められます。

そのためには、たとえば常日頃、ネガティブなものに魅力を見出す訓練をしておくことも重要です。景色なら雨もそうですし、一見なんのとりとめも無いモルタル作りの一軒家をどう綺麗に撮るかを常日頃考えておく。

極論すれば、ウンコにさえ、魅力を見出そうとするような姿勢かもしれません（本屋で、『ウンコに学べ！』という本を見つけた時、僕は即買いしてしまいました）。

普段からあらゆる情報に興味を持ち、その魅力を見出す訓練を、怠ってはならないと思います。

第六章　「奇跡」を起こす台本の書き方

テレビのディレクターをしていて、一番嬉しいのは「奇跡」のような瞬間を撮れた時です。奇跡とは、予想を超えた面白さのこと。

実はその「奇跡」をおこすために重要なのが、「台本」を作成するという作業なのです。台本の大切さを説明するために、まずは僕がでくわした、ちょっとした「奇跡」の話からしていきたいと思います。

「空から日本を見てみよう」という番組で、一〇〇点満点中一九点の少年のテストを発見した「釜島」をとりあげた、『瀬戸内海の島々』特集の回でのことです。

瀬戸大橋の橋脚がかかる「岩黒島」という小さな島があります。ここは、リリーフ段階でも、他の島に比べ「面白い」と思うものが見つけられませんでした。

人口は一〇〇人にも満たないのですが、それでも、周囲の島に比べれば多い方。さきほど述べた釜島は〇人ですし、この岩黒島と釜島の間にある「松島」という島は取材当時人口三人ですから。

この島は他の島と違い瀬戸大橋の橋脚が建てられたため、本州や四国に車で行くことができます。それゆえ人口が比較的多く、小中学校が残っていました。

この辺の島にしては、小中学校が残っているのは珍しい。だから、紹介したい。ただ、いま述べたような情報をナレーションでストレートに説明するだけでは、かたすぎてつまらない。大切な情報でもつまらなければ視聴者には飽きられてしまいます。だから、大切な情報を伝えるためにも、大切な情報のまわりに面白いものを配置し、オブラートに包んでお届けするのがバラエティ番組のディレクターの腕の見せ所です。

なので、ひとひねりして、小中学生たちに、空へ向かってくもじいにメッセージを送ってもらうことにしたのです。

空撮のタイミングに合わせて、小中学生たちに校舎の中から走って出てきてもらい、校庭に一列に集合。ここの児童・生徒は合わせて一三人。なので、一枚につき一文字を書き込んだ大きな紙を、一人一枚ずつ持って、

「くもじいようこそ岩黒島へ!」

という一三文字のメッセージを空に向けて出してくれることになりました。

撮影の前に学校へ行き、動きの段取りを何度も確認。そして、事前に地上から下見した光景とグーグルアースや地図による地形の情報を頭に入れます。そして撮影をするヘリコプターに乗って空から見たらここの景色はこうなるはずだ、だから高度はこの位の高さでカメラはこっちの方角から撮影しようなどと、何度も頭の中でシミュレーションをして、台本にカメラの動きや画を撮るサイズを入念に書き込みました。

そして、撮影本番。島の北側からぐるりと回り込み、小学校の近くへ来た所でまずは小学校が画面いっぱいになる位にズームイン。そして、くもじいが生徒さんたちに向かって話しかけるナレーションが入るくらいの間をとって、子供たちが校舎から校庭へ走ってきたところで、その生徒さんたちの列に向かってさらにもう一段階ズームイン。全て、シミュレーションにシミュレーションを重ね、台本上で想定した通りうまくいきました。

そして、いざメッセージを書き込んだ紙をみんなが一斉に空に向かって掲げるタイミング。みんなきれいにタイミングもそろい、一三枚の紙がカメラに向けられました。

やった、成功した！

そう思った次の瞬間、文字をよく見てみると、

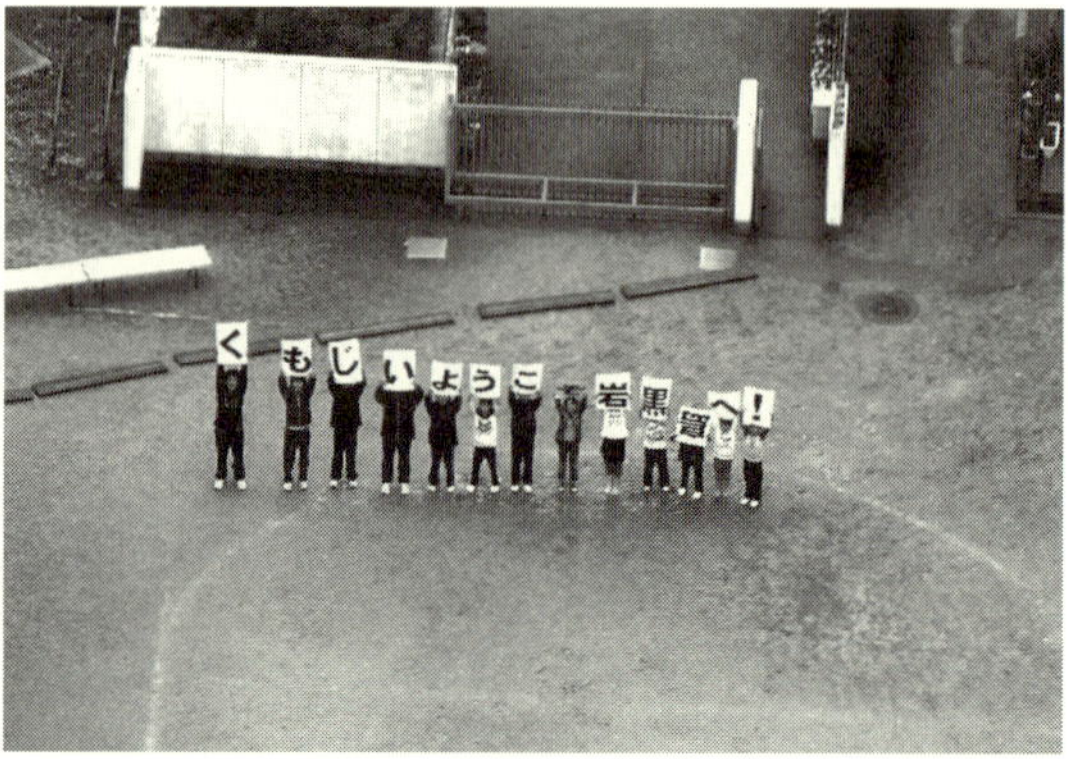

⑯右から三番目の子だけが「島」

「くもじいようこそ岩黒島へ！」（写真⑯）

ん？　島？

そう、左から一一番目の子。「島」という紙をもった子だけ、緊張のあまり文字を上下逆に出してしまったのです。

しかし、数秒後。リハーサルで、文字の上下は気をつけようと何回も練習していたので、この子も出した文字がすぐに逆だということに気付いて慌てて文字を正しく「島」となるように持ち直しました。

この光景に、僕は撮影しているヘリコプターのなかで大爆笑しました。奇跡だなと。

もし、台本上でシミュレーションにシミュレーションを重ねていなければ、まず一回目の撮影できちんと撮影できなかったかもしれません。そうすれば、この奇跡の瞬間は撮れなかったのです。

そして、生徒さんたちの動きも何度も何度も確認していた。だからこそ、この子は間違いにすぐ気付いて文字の上下を直せました。何度も練習していたからこそ、緊張して間違え、そして、その間違いもすぐに修正できたのです。

上下を間違えたことより、慌てて修正している姿が何よりも一生懸命さが伝わってきて、可愛く、面白く感じました。

もし一回目の撮影でカメラワークに失敗したものの、この生徒さんの間違いを見て、これは面白いと思い、二回目に同じことをやってくれといったとしても、それはナチュラルではなく、コントじみてしまい、まったく面白さがなくなってしまいます。

このように、何度もシミュレーションにシミュレーションを重ねたからこそ、奇跡のようなハプニングに出会える。そして、それをカメラにおさめることができる。だからこそ、事前の下準備である台本作りは重要なのです。

†「台本通り」にならないために、「台本」を書く

よく

「台本通りなんてつまらない」とか、

「台本通り撮ってくるやつは、ダメだ」

とか言う人がいます。

正直、全くその通りだと思います。でも、逆説的ですが、だからこそ台本作りに全力を尽くし、死ぬ気で台本を書くべきです。

いま述べたように、奇跡的なシーンは、入念な準備があってこそ、撮れるものだからです。

サッカーW杯日本代表のオシム監督はかつて、「奇跡といっても、自然に起きるわけではない……サッカーにおける奇跡はよく準備することでしか起きない」と述べていました。

サッカーだけではなく、あらゆる仕事においても、このことは当てはまるのではないでしょうか。想定に想定を重ねて、あらゆる可能性を検討していればこそ、想定外の事態に素早く対応できる。あるいは想定外のチャンスをものにできる。

テレビ番組の取材についても、全く同様なのです。

とは言っても、テレビの台本って何？　と思う人もいると思うので、まずは現物をご紹介してみます（次頁）。

これは、「空から日本を見てみよう」で山手線を取り上げた時の台本の一部です。

まず、テレビの台本が普通の本と違うのは「画」を書き込む欄があることです。テレビは非常にざっくり言えば、「画」と「音」という要素で構成されています。つまり五感のうち、視覚と聴覚に訴えるメディアなのです。

この台本では、左側に書いてあるのが画に関すること、そして右側に書いてあるのが音に関することです。

画は、その通りカメラで撮るものです。ここには、どんな場所のどんなシーンか、そしてどんなアングルでどんなカメラの動きをするかなどが書いてあります。

そして、音にはいくつかの種類があります。まずナレーションと言われるもの。撮影して編集も終わった後に、ナレーターさんや俳優さんなどを呼んで言葉を入れてもらうものです。この台本では「男」がくもじいという雲のおじいさん役のナレーション、「女」がくもみという名の雲の少女のナレーションです。「アナ」とあるのはアナウンサーが読む

空から日本を見てみよう
山手線の南側を飛んでみよう

画　面	音　声
≪アバン≫	男　もしもし？　そこの貴方？ 地面を歩く生活に疲れておらんか？ たまには空から日本を 眺めてみるというのはどうじゃろう？ 面白いぞう。 見慣れた風景がいつもと違って見えたり、 奇妙な世界に紛れ込んだり、 とっても不思議なものをみつけたり… いつも空を飛ぶたび、色んな発見があるんじゃ。 男　ん？　ワシか？ ワシはいつも空からこの島の様子を 見守り続けておる、くもじいじゃ。 男　そしてコイツは、くもみ。 女　こんちわ～。
≪タイトル≫	男　さてそろそろ時間じゃ… くもじいとくもみ、わしらと一緒に 大空を飛んでみませんか？ 「空から日本を見てみよう」
≪旅のルート発表≫ □地図	男　今回の空の旅は…？ まぁ～るい緑の山手線！ を線路に沿って飛んでみようと思うんじゃ…
□車窓（可能なら）	女　いいわね！ いつも車窓からみてるあの景色 空から見ると一体どんな風に見えるだろ？
□山手線ヨリから広い画へ引く（空）	男　さぁ、山手線空の旅… 出発進行じゃ！

≪出発地紹介≫ □東京駅丸の内口外観 （地上）	男　今回の旅の出発点は… 何となく、ここ 東京駅にしようと思うんじゃ。 女　なんとなくですか。 男　そうじゃ。
≪空撮　東京～フォーラム≫ □空撮 【東京駅手前から飛行 八重洲・丸の内が４：３に入る位の画幅から】 【少しサイズを詰めて線路沿い】	男　さすが日本を代表するオフィス街 有名な高層ビルばかりじゃのう！ 女　有名な会社がいっぱいね！ …あ、その先にあるあの細長いビル あれは何なんだろう？
≪地上　国際フォーラム≫ □東京国際フォーラム外観 □建築家写真＆紹介 □敷地内のアート作品 □相田美術館	アナ　横から見ると細～いこの建物。 そう、皆さんご存知、 東京国際フォーラム この独特の建物、 モチーフは一体なんだかわかりますか？ 実は「船」なんだそう。 女　う～ん、あんま見えない！ 男　でも作ったのは一応世界的に有名な 建築家らしいぞ！ D　どうして「船」なんですか？ 担当者　答えて アナ　敷地内には「多様性の船」という テーマで○個ものアート作品が点在。 ぜひ探してみては？ 男　ちなみに、こんな博物館もここに あったぞ！ 女　相田みつを博物館！？ D　どうしてこんなところにあるんですか？

	担当者　答えて	
□ 書の紹介	男	「感動は感じて動くと、書くんだなぁ」 「泣いたっていいがな　人間だもの」 う～ん、名作じゃ。
	女	…
□各施設、お土産紹介	アナ	ちなみに、この博物館ではビデオで 相田みつをの生涯を学べる他 相田みつをグッズも充実してるんだそう。
≪空撮　フォーラム～有楽町≫ 【やや広めの画でフォーラム込みの所から→円盤に z.i】	女	ん～、冒頭からいきなり癒されましたね！ あ！　なんかもう一つ変な建物が！
	男	ん？　なんじゃ？　円盤？ 一体なんじゃこりゃ？
≪地上　円盤レストラン≫ □交通会館外観	男	ん、この建物、そうかここは いつもパスポートを 取りにくるところじゃな！？
□建物へドリー →エレベーター →お店へ	女	でも、なんでそんな所に円盤が？ さっそく行ってみましょう！
□レストラン	ON	いらっしゃいませ！
	男	ん？　なんじゃ？
□内観	女	あら！？ なんかレストランみたいですよ！
□内観	アナ	そう、この円盤、実はレストラン！
	D	どうして、円盤なんですか？
	ON	※理由を答えて

□定点カメラ	アナ　実はこのレストラン 　　　８０分に１周の速さで動いてるんです！ ＯＮ　見えるスポット説明 ※他、回転、円盤に関する秘密探る ・どうやってまわってる？ ・なんで、まわってるレストランを作ろうと？ ・回す経費はどれくらい？ ・目、まわる人とかいない？ ・昔と今で見える景色かわったか ・常連さんとかいるか
□料理物撮り	アナ　季節ごとに変わる料理を 　　　味わいながら、座ったまま
□食事＆外	東京を「空中散歩」 　　　出来ちゃうんです！ 女　　へ～、おしゃれ！！
□屋上庭園へ z.i	アナ　ちなみに、空から見えた 　　　こちらの緑の部分…
□咲いてる花など	アナ　実は「屋上庭園」。 　　　季節の花々が植えられた 　　　都会のオアシスとして 　　　銀座のＯＬさん達にも大人気
□カメラを持ってる人 ・遠目から z.i ×２くらい	男　　でも、OL さんだけじゃなく、 　　　他にもここに集う人々が… 　　　むむ？　何やらカメラを持った人が… 　　　なんじゃこりゃ？　不審者か？
□カメラもった男性から z.i ↓ □男性ナメ、奥に新幹線通る	アナ　実は、お目当てはこれ！ ＯＮ　ゴー！　※新幹線通る
□新幹線から pan して写真撮る人々	女　　新幹線！　なるほど、 　　　さっきの人は鉄道ファンだったのね！
□男性ナメ、目線の高さからフォーカスを送って新幹線	アナ　そう、実はここ 　　　新幹線を目高で見られる穴場として、 　　　鉄道ファンや、 　　　子供たちに人気なんです！ 男　　くぅ？、たまらん！

ところです。

他に「ON」と書いてある部分があります。これは現場での音のことで、これには大きくわけて、言葉と言葉でないものの二種類があります。

前者は店員さんなど、取材する相手が発する言葉。後者は電車が走る「ゴー」という音や、トンカチで金属を叩く「カンカン」という音などです。

まとめると、

「画」

「ナレーション」

「現場での言葉」

「現場での言葉では無い音」

を、リサーチや下見で得た情報をもとに、想定したものが台本と言えます。

†妄想しまくることが一番大事

そんな、台本作りにおいて一番重要なのが妄想に妄想を重ねてあらゆる可能性を想像しておくということです。取材相手は、質問に対してどう答えてくるか。そう答えてきたら、さらにどのような質問したら、面白さを引き出せるか。

取材に行った現場には、どのような人がいるだろうか。逆にどのような人がいたら面白いだろうか。

たとえば、前掲の台本には、有楽町の交通会館にある回転するレストランについて、想定されるロケ内容が書かれています。では、そのお店にはどんなお客さんがいたら面白いか。

・お子さん連れ↓まわることにはしゃいでいる？「楽しい」的なコメント？
・若いカップル↓画になる。何でこの店をチョイスしたか聞いてみる？
・常連のご老人↓古今の銀座、どう変わった。何が変わらない。思い出を探る

などなど、色々な妄想をかきたてておくのです。そうすることで、これらの人々がいるのはどのような時間かを考え、ロケに行くのに適した時間を決めることもできます。

もちろん、想定通りの人がいない場合もあります。台本はあくまで六〇点くらいの点数をとる確率をより高くするための下準備にすぎません。

しかし、台本で様々な可能性を想定せずに、何も考えないでロケに行けば、六〇点をと

れる可能性すら低くなってしまいます。下手したら、○点になってしまう。ですから、妄想に妄想を重ね、しっかり台本を書く必要があるのです。

台本上であらゆる妄想をしつくしているのに、想定から外れた場合があった時こそ、そこに面白さが生まれます。

前述の例では、実際に、お店に行ってみたら、ランチタイムなのにお客があまりいなかった。また、ヒゲをぼうぼうにはやした中年の男がいたとします。

どれも、はじめに想定した「お子さん連れ」「若いカップル」「常連のご老人」というシチュエーションとは違いますが、こちらの方が面白そうです。

「ランチにお客さんがいない」？　さては、近くにライバル店ができたのか？　あるいは、目玉だった景色が見られなくなった？　たとえば高層ビルが出来て東京タワーがみえなくなっちゃったとか？　では、店はどうしようとしているのか。そこにドラマがあるのでは？

「ヒゲをぼうぼうにはやした中年男性」？　なぜこんなにヒゲぼうぼう？　ビジネスマンぽくない。さては、戦場カメラマンとかで、この交通会館の二階にあるパスポート発行所に、パスポート更新にくる時だけ、ここに来ているとか？　すると、一〇年に一回くらいのペースでここに来ているのか？

などなど、様々な想定外が思いうかびます。でも、本気で「想定」して台本を作っておかないと、目の前で起きている現象が想定外であること、つまり面白い現象が起こっていることに気付けないのです。

そして、経験上ですが、このように想定に想定を重ねてしっかり台本を作っておけば、そのロケ現場に何も面白さを発見できなかったということはほとんどありません。もし、面白くないVTRを撮ってしまったとしたら、それはまだまだ、様々な想定が足りなかったのかもしれません。

†シミュレーション無くしてハプニング無し

さらに、台本を書く上で大切なことは、前項で述べたように、インタビュー案やシチュエーションだけを想定するのではなく、しっかり「画」に関しても頭の中でシミュレーションをかさね、思い描いておくということです。

台本の左側にゴチャゴチャいろいろ書いてあるやつです。ここをおろそかにしてはいけません。「手作り」という意識が少ないディレクターの場合は特に、ロケの流れだけを想定する人も多いのですが、そもそもテレビの主役は「画」だということを忘れてはいけません。

いくら、「画」と「音」で構成されているといっても、やはり主役は「画」です。「画」にこだわってはじめて、「音」にこだわる意味が出てきます。

たとえば、前掲の台本の右側のナレーションに、「新幹線を人の目線の高さで見られるのが人気のスポット」という紹介文があります。

普通、新幹線は高架の上を走っていますから、地上からかなり上を走っており、見ようと思えば見上げてみるのが普通です。だから、人と同じ目線の高さで見られるのは珍しいという点を、この取材では「面白さ」として紹介しようとしているのです。

それならば、確実に人の目線と同じ高さからカメラを構えて撮っていますよ、という画、つまり人の頭を手前に「なめた」感じで新幹線が奥にある画をおさえておかねばなりません。

ちなみに「なめる」とは、写真や動画の撮影でよく使われる用語で、メインの被写体の手前に、別の脇役の被写体を映し込む技法です。そうすることで、何らかの意図を発生させられます（写真⑰）。

この新幹線の例の場合は、視聴者に、「人の目線の高さ画」であることを強調しているのです。

こうすることで、ナレーションだけでなく、画でも「面白さ」のポイントを説明できます。

詳しくは、次章の「撮影」のところで述べますが、こうした画、つまり「狙い」の画がなく、単に新幹線をとっただけの画になってしまうと、VTRは何だか漫然として面白くない印象が強まってしまいます。

⑰遠くから木をナメて様子を窺うような印象を表した画

台本で「画」を、しっかりシミュレーションしておくというのは、まず最低限必要な画を撮りもらさないようにする、という意味があるのです。

そうして様々なシミュレーションをしておくからこそ、この章の冒頭で述べた「冒」のような「奇跡」と感じる画を撮れるのだと思います。

正確に言うと、必ずしも毎回撮れるわけではないので、そのような「奇跡」と思えるような面白さを持つ画をとる可能性を得る権利が発生するのです。

第七章 「飽きさせない」撮影の仕方

もし人と差をつけ、よりクオリティの高いアウトプットを出そうとするならば、どんな仕事でも、特に文系の方は、エンジニアの技術について知悉するべきである。僕は、テレビの仕事をしていて強くそう思います。

テレビのディレクターをする上で、必要な技術の一つ。それが、カメラを使いこなすということです。

たまに、ディレクターはカメラマンじゃないんだから、カメラをまわす必要なんて無いという人がいますが、ゼッタイそんなことはありません。

これについて様々な異論があり、状況によりそうでない場合もあることは認めますが、根本的に演出と撮影は一体化すべきものです。

かつて、カメラに三脚をつけてインタビューを撮影していて、こんなことがありました。

座ってインタビューを受けていた方が、つい感極まって嗚咽しながら急に席を立ってしまったのです。

一瞬カメラをピクリと動かしかけましたが、瞬時に思いとどまり、僕はその時、被写体を追いかけてカメラをふりませんでした。

被写体を追うよりも、席が空になった画の方が、被写体の心情をよく表す画になっていると瞬時に判断したからです。

しかし、もし自分でカメラを回していなかったら、そのカメラマンは、ひょっとして被写体を追って、カメラをふってしまっていたかもしれません。

これは、〇・一秒ほどの瞬時の演出的な判断です。自分でないカメラマンに伝える時間的余裕はありません。もし、カメラを自分でまわさず、他人に任せるのなら、この演出的判断は、放棄しなければならないのです。

時間的にミクロだからといって、その演出的判断が重要でないかというと、そんなことは決してありません。むしろ、台本どおりでない奇跡のようなシーンを撮りたいと思う場合、この一秒に満たない瞬時の判断こそが重要になります。

ですから、ディレクターというのは、可能な限り自分でカメラを回した方がよいと僕は思うのです。

またカメラを自分でまわすことで、あらゆる局面において最適だったり、最も美しいシーンを探そうという嗅覚がダントツに強くなります。その一枚一枚切り取る画の強さが、番組の質を必ずや向上させます。また、その後自分でカメラをまわさなくなっても、カメラを回した経験があれば、より具体的な指示をカメラマンに出すこともできるでしょう。

こうしたことは、どんな仕事でも一緒ではないでしょうか。

たとえば、アプリを作る会社で営業や企画を担当していても、一生懸命プログラミングの知識を学ぼうとする人の方が、よりエンジニアの方と具体的なお話ができますし、わいてくる企画のアイデアもより多くなるはずです。

鉄でも飲料でも化学繊維でも、メーカーで働く営業マンの方なら、よりエンジニアの持つ技術について理解が深い方ほど優秀な営業マンなのではないかと思います。

テレビもこれと、全く一緒です。テレビを作ろうとするなら、カメラで画を撮れるようになるべきなのです。

そこで、この章では、見ている人を「飽きさせない」撮影のコツを色々お話します。

†刺身のツマにこそ全力を尽くす

僕は、根がケチに出来ているので、安い居酒屋チェーンが大好きです。で、二七時、つまり深夜三時頃に仕事が終わって、誰も誘う人間などいないので、一人でそんな居酒屋にいって一杯やりつつ夕飯を食べたりするという西村賢太プレイを、何のためらいもなく時たま、そう時たま行います（一応説明しておくと、西村賢太というのは、一人でご飯を食べに行く的な私小説を書いている昔貧乏だった作家です）。

まあ、しかし西村賢太の若かりし頃より多少金がありますし、魚が大好きなので、いつもビールと刺身を頼むのですが、安い居酒屋での「ガッカリあるある」が、一つあります。

それが、刺身の横にのってるツマやワカメがクシャクシャで汚かったり、しなびていたりすることです。もう、ガッカリです。

はな、根がA型気質で神経質に出来ている僕には、これが何とも慊《あきたりな》いのです。

僕は安い居酒屋チェーンの刺身というのは、値段の割には結構おいしくて、かなりコストパフォーマンスがよいと思います。それゆえ何度も通ってしまいます。

しかし、おそらく必死の企業努力でそこまでのコスパを実現しているのに、わずかにツマがしなびているだけで、残念ながら刺身全体が貧相に見えてしまうのです。

テレビの画作りにもこれと全く同じことが言えます。

テレビ番組というのは、番組によって異なりますが、一時間番組ならば、数百カットもの動画をつなげることで構成されています。

この数百カット全体が、お刺身の盛り合わせのお皿全体だとすると、数百カットの中には、「お刺身」たる番組の肝のカットと、「ツマ」たる添え物のカットがあるのです。

刺身的なカットの部分は誰しもそこが重要な部分であることがわかっているので、手を抜くことは少ないです。しかし、駆け出しのディレクターに見られがちなのが、この「ツマ」的な添え物のカットを疎かにするというミスです。すると、番組全体が貧相で、つまらない印象になってしまうことさえあるのです。

では、どうしてこのようなことがおきるのでしょうか。その理由を説明します。

動画だと、特にテレビ番組作りだと、どうしても、この数百カットを選ぶという編集作業について、「ストーリー作り」に重きをおいてしまいがちになります。

「ストーリー作り」優先の編集、それは「音」主体の編集です。

すでに述べたように、テレビ番組というのは「画」と「音」で作られています。「音」

とは、ナレーションや、取材対象者のコメントのことです。これらを組み立てて、ストーリーを作りあげることばかりに、気がいっているのです。

その原因は、いつも大抵一つの失敗に集約されます。

①ロケ前に作った仮の台本通りにストーリーをつなごうとすることで頭がいっぱいになってしまっている。

②撮影した取材テープに、強い画が足りていない

これが、ディレクターになりかけた方の失敗パターンの九割です。①に関しては、さんざん第五章でも、言った通りなので、簡単に。

確かに、台本作りには命をかけなければなりませんが、それはあくまでも、台本以上の奇跡やハプニングを撮影するためのもの。

また、台本どおりにことが運ばなくなった時には慌てずに方針転換できるようにするためのものです。今まで、数百本のロケをこなしてきましたが、取材が台本通りにいったことなど、一回もありません。

なので、その台本通りに編集しようとしても、うまくいくわけがありません。台本どおりに成立させようとすればするほど、説明くさく、うさんくさいVTRになってしまいます。それなのに、ストーリーをこの仮定の台本どおりに、無理矢理あわせようとすることがあるのです。

この点に関しては、のちの編集を説明する章でも詳しく説明します。

そして、②に関しては、ロケで強い画が撮れていない場合です。強い画がないので、画で編集するという考えが生まれない。それゆえ、添え物である「ツマ」の部分の画が、粗末になってしまうケースです。

†「空間」を使い「時間」を無限にする

では、なぜ、撮れていないのか、それは撮ろうと意識していないからです。

「取材対象の画力が強く無かった」

という言い訳をたまに聞きますが、決してしてはならない言い訳です。ならば、ロケに行かなければよいし、行った以上、一枚一枚の画を少しでも強くすべく、現場で全方位にアンテナを張り、全力で努力してくるのがディレクターの役目というものです。

この「一枚一枚」というところが、ポイントです。

テレビには「ナレーションベース」と言われるものがあります。

これは、情報などをナレーションで説明する尺を埋めるために差し込む画のことです。たとえば、一番わかりやすいのはニュース番組など報道系番組で
「今年のＧＤＰは、昨年に比べ……」

という場面で使われる、東京の空撮やわけのわからない工場の画です。報道番組は、情報そのものを無機質、客観的に伝えたいという意図や、ニュースの速報性が一番重要で画が間にあっていないという場合もあるので、これでもよいのでしょうが、手作りの情報バラエティ番組やドキュメンタリー番組はこれではいけません。

情報番組で言えば、「どこどこの国に来ました」という街の景色と行った画や、「やってきたのはこの建物」というナレーションにあてられる建物の外観、その他、ナレーションがかぶさる多くの画がナレーションベースです。

画が弱い印象を受ける、「面白くない」ＶＴＲに一番ありがちなのは、このナレーションベースの手を抜いているケースです。そう、このナレーションベースが「刺身のツマ」にあたる部分です。

ある程度リサーチをして取材に行っているので、メインの取材対象（＝刺身）にはそれなりの画力がある場合が多いのですが、この「刺身のツマ」を雑に扱ってしまうのです。すると、居酒屋の刺身と同じく、どんなにメインのネタがそこそこのクオリティでも、全体の印象として、面白くなく感じてしまうのです。

もちろん、安いお店だからと言って、

「ツマが汚いけど、おいしそうに見えるな」

と、思ってくれる人はいません。

逆に、この刺身のツマに全力を尽くしてくると、メインのネタが予想より、ネタとして強いものでなくても、意外と見れてしまうのです。

⑱ペルーのナレーションベース

たとえば、次の写真を見てみて下さい（写真⑱）。これは、ペルーで街中の実景として実際に撮影したもので、「中世のコロニアル建築なども残る素敵な街」というようなナレーションベースを想定してとったものです。

この画では手前に騎馬隊を入れこんでいますが、もしこの画から騎馬隊をぬいて建物だけだったらどう思うでしょうか。スカスカだな、と思うのではないでしょうか。

しかし、このように静物である建物に加え、動体である騎馬隊を被写体に入れこむことで、迫力も増しますし、騎馬隊が「中世の」というところにマッチしてより良い印象を持つのではないかと思います。

このように実景を撮影する際に、静物に動体を加えるというのは「ツマ」であるリレーションベースを強くする初歩的なテクニックのひとつです。しかし、この騎馬隊とて、何もしないで見つかる訳ではありません。撮影をしながら何か面白そうなものはないか、常に街の人に聞きこんだり、撮影しながら何か構図に入れこめるものはないかキョロキョロする。

ディレクターは街中で常に画を強くするのにプラスになるものはないか、どのアングルで、どう構図を組めば画をより強くできるか。一枚一枚にこだわりを持って撮影するべきなのです。

テレビ業界には、どんなにネタが悪くても「そこそこには仕上げてくるディレクター」といわれる人がいます。

じつは、この人たちの秘密は、この刺身のツマの調理を怠らないことなのではないかと、僕は思います。

メインの取材ネタには、正直あたり外れがあります。強いと思って撮影に行っても、予想以上に弱かったりすることもあります。

しかし、こうした「そこそこ仕上げてくるディレクター」というのは、ナレーションベースにもしっかりそこそこの画を撮ってくるのです。それだけで、番組の印象はかなり違います。

テレビには、オンエアに使える分数という制約があります。何十時間と回したテープをわずか数十分にまとめる。もっと伝えたいことがいっぱいあったはずです。

しかし、その数十分というのはあくまで「音」という時間軸での話です。「画」という空間軸を駆使すれば、もっと伝えたいことをたくさんつめこめるはず、もっとクオリティをあげられるはずなのです。

それなのに、スカスカの状態で番組を作るなんて、もったいない話です。だからこそ、ディレクターは、自分でカメラを回して、画にこだわる。そして、ツマまでおいしく食べられる番組を視聴者に提供しようとした方がよいのです。

†「画」を切り取る意志

しかし、撮るべき画を頭に思い描けたとしても、それが実現困難なのではないかと思われるケースも多々あります。この際重要なのは、取るべき風景を頭に描いたら、それを必ずや実現しようという強い意志です。

たとえば、ラオスでサトウキビ畑を撮った時のことです。取材対象者が「この広いサトウキビ畑、全部俺たちで森を切り拓き一から開墾したんだ」と言っていたのです。そして、これはストーリー上、彼らの苦労を伝えるために必ず使うコメントだろうなと思いました。

すると、頭の中にはサトウキビ畑がはるか向こうまで、あたり一面に広がる、広いフカンの画が欲しくなります。あくまでナレーションで補足するベースとなる刺身のツマですが、これがあると無いとでは印象はかなり違います。

しかし、じつはサトウキビ畑というのは、撮影者泣かせなのです。なぜなら、サトウキビというのは丈が三メートルもあるため、カメラを相当高くかまえないと、遠くまで一面見渡せる画になりません。

当然、クレーンなどの特殊機材があるわけでもありません。まわりを見渡してもここは

⑲サトウキビ畑のフカンを撮影する様子

⑳上の写真のようにして撮影したサトウキビ畑のフカン

ラオスの片田舎。登れそうな高い建物は皆無でした。

一瞬無理かなとも思いました。しかし、ここで絶対諦めないぞという気概がディレクターには必要です。「音」だけではなく、「画」で彼らの苦労を伝えるためには、どうしても欲しい画だったので、近くの道を走る大型トラックをヒッチハイク。二〇〇〇円程払って畑まで来てもらいその車体の上から撮影しました（写真⑲、⑳）。

費用としては、二〇〇〇円。時間にしてわずか三〇分程度です。別に金額も時間も大したものではありません。

イランでは、かなり長い尺を使うであろうロングインタビューを、イランを象徴するような景色で撮影したいと思いました。具体的には、背景にテヘランの町並みとモスクを背負っているような画のイメージです。

しかし、モスクはそもそも常に人通りが多いですから静けさを必要とするロングインタビューには向いていません。また、モスクの象徴的な形というのは、タマネギ型のドームですが、これは大抵建物のかなり高い位置にあり、インタビューの抜けにこれを入れこもうとすると、かなり遠くにモスクがあるようなロケーションで撮影しなければなりません。

しかし、ロケ地だった首都のテヘランは、人口密集地域で、そのような場所はありません。また、スケジュール上郊外に撮影に行く時間もありませんでした。

テヘランの北部には山があり、定番のフカン撮影スポットもあるのですが、そこからだと少し市内が遠過ぎて、インタビューする人物の後ろに背負っても都市の雑感になってしまい、イスラームの国の情緒は出なさそうでした。

そこで、とある中層マンションの屋上で撮影することにしました。まず、テヘランの中心部にある、その辺りでは一番高さがあるホテルへ行き市内を見回し、ちょうどタマネギ上のドームと同じ高さくらいに屋上があるマンションを探します（写真㉑）。

それならば、遠くに離れなくても、モスクをインタビューの画に入れることができます。

㉑ホテルの屋上から見たテヘラン市内、○を囲ったドームと同じ高さの屋上のあるビルをこの中から肉眼で探してゆく

㉒上記のようにしてみつけたインタビュースポットのマンションの屋上。ちょうど抜けにモスクのドームが写る

しかし屋上の高さは絶妙でも、そこにボイラーなど音がする機械がありそうなところでは音がとれません。また、柵が高過ぎてもモスクが映りません。

そう絞っていくと該当するマンションはなかなか無いのですが、一つだけ全ての条件を満たす場所がありました。

すぐにそのマンションに出向き、交渉すると運よくオーケー。こうして、イスラームの国っぽい景色を背負いながら、ロングインタビューをすることができました（写真㉒）。ロケ現場で、想像した「画」を撮影することが一瞬困難に思えた時でも、「何とか撮りたい」という強い意志さえあれば、意外に撮る方法が隠されていることは、多々あります。

そして、有名な世界遺産や都市などは、数多の写真家やディレクターによって、美しい構図が切り取られていて、ある程度定石があるので、それをあらかじめ勉強して撮影に望むことが必要です。

そして、それらを踏まえた上で、いろいろ工夫して、今まで発見されなかった新たな「構図」を切り取ること、「新しく面白い画」を発見することこそ、ディレクターの楽しみの一つだと思います。

†飽きさせない「三感」

さて、一枚一枚の画を強くする必要性を説明しましたが、「強くする」というのにも、色々な方法があります。先ほどまで、正攻法で画を華やかにする方法をご説明しましたが、さらに突き詰めて、画を強くし、飽きさせないテレビ番組を作るコツを紹介します。

僕が映像を撮影する際に、強く心がけていることがあります。

それは、飽きさせないための「三感」を、常に画に表現していこうと意識することです。

その「三感」とは何か。それは、

①違和感
②調査感
③発見感

です。これは、ロケで情報を紹介するバラエティーにおいて重要なポイントだと思います。

これを一つずつ、説明していきます。

†「面白さ」を実際に画であらわす「違和感」

テレビ番組の画を撮る上で、一番大切なのはこの違和感かもしれません。それは、簡単に言うと、「面白さ」を具体的に画で表現するということです。

たとえば、僕はいま「世界ナゼそこに？　日本人」という番組をやっています。これは、世界のあまり知られていない秘境のような国に住んでいる日本人の暮らしに密着して、その生活ぶりを紹介。そして、なぜそういった場所に住んでいるのか、その謎を紐解くという番組です。

これまで僕がこの番組でロケに行った国は、ソロモン諸島やパラグアイ、ラオス、ペルー、イランなど。どちらかというとマイナーな国ばかりです。アメリカや中国といった国ではなく、あえてそのような、あまり名も知られていない国になぜ移住したのか。そこにある人生ドラマを探っていくのです。

この番組の面白さは、まず普通では行かないような所に日本人が住んでいるということだと思います。ですから、そこの違和感を狙って画を撮っていかなければなりません。

㉓片方だけサングラスをするソロモン諸島の男性

日本とは価値観や文化が大きく異なる国だと、何もしなくても違和感のあるシーンに多く出くわします。

ソロモン諸島では片方だけビーチサンダルをはいた人々がたくさん。それだけならまだしも、サングラスまで片方なんて若者も（写真㉓）。

敬虔な仏教国ラオスでは、村のお祭りに村民が総出でお祈りに行くのですが、行くことが重要なようで、ロッカーのような格好でお祈りにくる若者がいました（写真㉔）。

こうした違和感のある画を「発見」していくことも大事です。しかし、発見だけでなく、そうした「違和感」を作りだ

㉔ロッカーぽいのに敬虔に祈るラオスの男性

していくことも、ディレクターの重要なスキルだと思います。

たとえば、この「世界ナゼそこに？　日本人」という番組なら日本人がなるべく異国の地にいるような画が、まず基本の違和感になると思います。

いくらナレーションで異国での暮らしは大変だ、大変だと言っていても、ずっと家の中のシーンでは、日本とあまり変わらない画になってしまいます。だから座ってロングインタビューを行う際はできるだけ、その国を特徴付けるような場所で行うべきです。このように、一枚一枚の画にこだわりを持って撮影をしていくことが、非常に重要です。

この番組で、パラグアイの田舎で干物作りをしている男性を取材したことがありました。男性に密着してみると、パラグアイでは新鮮な魚は手に入らないため、国境を越えて隣国のブラジルまで魚を買いに行ったり、日本で干物を作るのとは全く違う苦労の連続でした。

そうして出来た干物の完成品を最後に「物撮り」します。「物撮り」とは、出来上がった料理や完成した製品などを、紹介するために綺麗に撮ることです。

でも、普通にお皿に並べて室内で撮ったのでは、何の「違和感」もありません。すなわち、わざわざ外国で干物を作っている「面白さ」（＝何でそんな所で作っているのかという不思議さ）が、その画では伝わらないなと思ったのです。

そこで、その干物をパラグアイの田舎の象徴であるきれいな一本道を抜けに撮りました。そうすることで、異国の地で干物作りをする違和感が、ナレーションだけでなく、画でも伝わるかな、と思ったのです。

㉕奥多摩にある１人用のモノレール

他にも、「空から日本を見てみよう」の、「多摩川の源流と天空の村々」という回では、一人用モノレールを頑張ってとてつもなく綺麗に撮ろうとしたことがありました（写真㉕）。

東京都を流れる多摩川の上流の方に、境集落という山間の村があるのですが、そこからさらに数百メートル離れた深山幽谷ともいうべき地に、一軒だけポツンと家があるのです。

それに面白さを感じたので、ネタとして取り上げたのですが、もっともその面白さを象徴していると感じたのは、ふもとの集落とそのポツンと離れた家までの数百メートルもの距離を林や急斜面を駆け抜けて結ぶ、その家族のためだけにある一人用のモノレールでした。

そこで、そのモノレールを、花をなめたり、絶景をバックにしたりして、アホみたいに美しく撮ろうとしました。自然の作りだした絶景の中に人工的でボロボロのモノレールがあることが、この家を象徴しているなと思ったのです。

「ジョージ・ポットマンの平成史」という番組でも、常に画作りに違和感を与えることにこだわりました。この番組は、童貞が増えすぎていたり、人妻がエロくなりすぎていたり、という平成時代の暗部に隠れた問題をえぐり出す番組でしたから、あえてその回のテーマを象徴する格好をさせたマネキンを雑踏の中に置いてみました。

㉖「ジョージ・ポットマンの平成史」童貞史より

童貞の回なら、ブリーフ姿のマネキンを丸の内の雑踏に中に置いて遠目から物撮りするのです（写真㉖）。

すると、人々は何事も無かったかのようにマネキンの脇をすり抜けて颯爽と歩いていきます。気付かぬふりをして、童貞増加という問題から目を背ける日本社会を暗に表すような、違和感のある画作りを狙ってみたのです。

他にも「クソゲー」を表現するために、オマルにゲームカセットを入れてみたり、「チータ」の愛称で知られる水前寺清子さんのレコードを紹介する際には、わずかカットのために数時間かけ多摩動物公園のチーターの前まで物撮りしに行きました（写真㉗、㉘）。

また、この番組はAKB48は童貞文化の象徴だといってみたり、『ONE PEACE』は汗を嫌う堕落した平成時代の象徴だといってみたり、あまりテレビでは言ってはいけない悪口を平然と言う番組でした。それゆえ、それらのタレントやアニメの映像は使用許可がおりないことが多発。たとえば、「キャプテン翼」なら、サッカーボールと羽でイメージを撮影するのですが、その際にもただ普通に撮るのではなく、背景にさりげなく「南葛商事不動産」という看板を見切れさせてみるなど一工夫することを心がけていました（写真㉙）。

どこまで、こうした撮影が功を奏して視聴者に響いているかはわかりません。ただ、ディレクターとしてカメラを回す以上、目の前のリアルな世界から面白いと感じた違和感のある画を一枚一枚切り出し、それを一つ一つ積み重ねて番組にしてゆく。あるいは時に、自ら違和感のある画を作り出してゆく、そういった意識と努力が必要であり、その有無で番組のクオリティは雲泥の差ができることは確かです。

†視聴者と一緒にワクワクする「調査感」

②の調査感というのは、ものごとの謎解きをしている時のワクワク感をなるべく画で表

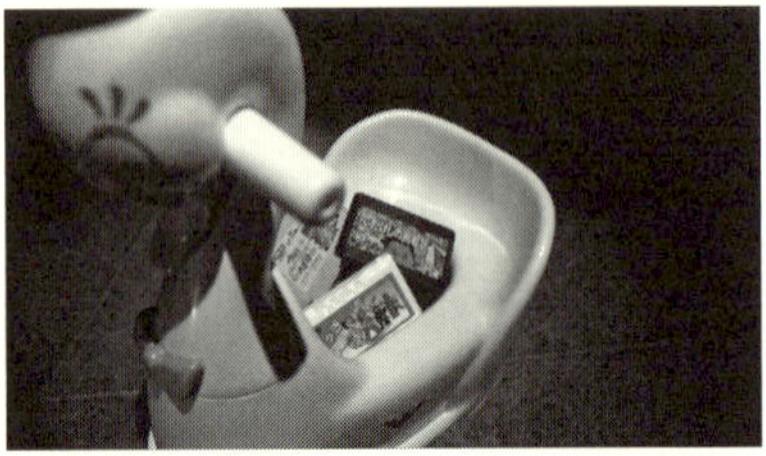

㉗クソゲーのイメージ

㉘「三百六十五歩のマーチ」の歌詞を批評するベース

㉙キャプテン翼のイメージ

現していこうということです。これは、「新説!? 日本ミステリー」という番組を担当しているとき、散々たたきこまれました。

この番組は、世の中で通説と思われていることを疑い、一見ビックリ仰天するような新説を歴史のロマンとして視聴者に提示する番組でした。どのくらいビックリする新説かというと、「伊達政宗はスペイン人だった!?」とか、「坂本龍馬暗殺は、本能寺の変の復讐だった!?」とか、「聖徳太子は預言者だった!?」とか、そういう感じです。

そんな歴史番組で、何が一番面白いかといったらやはり調査している過程のワクワクした感じではないでしょうか。

「坂本龍馬暗殺は、本能寺の変の復讐だった!?」

と結論だけ言われても、

「は? お前はアホか?」

と言われそうですが、

「いやいや、色々調べたんだよ。実行犯の今井信郎の子孫にお願いして本人の手帳も見せてもらったんだ! そこには、当時の心境をしめした詩も書かれてたよ」

「明智光秀のものとされてる辞世の句とさ、龍馬の歌を比べてごらんよ。明智が

『心しらぬ　人は何とも言はばいへ　身をも惜まじ　名をも惜まじ』

で、龍馬が
『世の人は　われをなにとも　ゆはばいへ　わがなすことは　われのみぞしる』

だよ、似てない？　坂本龍馬は家紋も明智光秀と同じ桔梗だし、「坂本」は明智光秀の居城だった「坂本城」と一緒だし」

というような調査過程がミステリーの謎解きみたいで面白いのです。ちなみに、「坂本龍馬は明智光秀の子孫だった」ということに関しては、別に番組のオリジナルではなく、一部の歴史ファンには有名な仮説だったのですが、それではあまりにオリジナリティがなく、「新しい面白さ」にはなっていません。

それなら暗殺は、本能寺の変の復讐だったという物語があったりしないかな、と考えました。そもそも、幕末の薩長VS幕府という構図自体が関ケ原と全く一緒であり、幕末の革命は二五〇年越しの、戦国時代の復讐であったというのは間違いありません。

ならば、龍馬も……と妄想を膨らませ、調べると当時の幕府の財政の責任者に織田信長の子孫の名前があったのです。まあ、今でいうと財務大臣のような地位です。織田家は小さな藩だったので、幕府の要職になんて滅多につきません。

それが、幕末のゴタゴタの時期に、念願の財務大臣です。当時、財政難だった徳川幕府なのに、京都には反幕府勢力を取り締まる組織がポコポコ作られています。お金がかかるはず。そんな組織に今井信郎という龍馬を暗殺した人物は所属していたのです。

まあ、自分で調べながら一％くらいなら可能性があるかもなあと感じました。この説の真偽はさておき、この調査過程の、謎解きの部分の魅力をお伝えするのがバラエティだと思います。

結論だけを述べたり、せっかくディレクターが調査して見つけた新情報であるにもかかわらず、途中の調査部分の画を全く撮影せず、適当な画であたかもどこかから引用してきたようなナレーションをつけてしまう。それでは、視聴者に自分が取材で感じたワクワクを共有してもらうことはできません。

ですから、調査過程もしっかり撮影する、つまり色々な所に調べにいく過程もしっかりカメラを回しておくというのが一番重要です。

そして、カメラの動きでいうと、「調査感」を表現しやすいのは「ドリー」と呼ばれるカメラワークです。

「ドリー」とは、カメラを持って、カメラマンが前に進んで行くような動きのことです。

画面で見ると、あたかも自分が歩いているような感覚を得ます。つまり、探検や調査しているような「調査感」を出すにはこのドリーが一番適しています。

たとえば、ある謎を調べるため、京都の清水寺へ向かい、お坊さんにインタビューするというシーンを想定してみましょう。

清水寺の実景の後、いきなりお坊さんが話しはじめるシーンになるより、清水寺の実景があり、その後お坊さんのもとへ会いに行く「ドリー」のシーンを挟み込む、そしてお坊さんが話し始めるシーンになる方がより「調査感」が増すのです。

結論だけを重視するニュースではないバラエティ番組では、一緒に視聴者の皆さんを調査の旅へお誘いする、そんな気持ちを大事にしたカメラワークが必要です。

†嬉しさの山場である「発見感」

こうして、調査に調査を重ね、「新しい面白さ」を発見する。ここが、手作り情報バラエティ番組の見せ所です。

しかし、せっかくの山場であるにもかかわらず、プレビューといわれるオンエア前の試写をしていると、ここの撮影の仕方がうまくいっていないVTRを非常に多く見かけます。

それは、簡単にいうと

①発見する前からその対象物がバッチリ映っている

②発見する直前にその対象物が全く映っていない

一見、逆に見える二つのことがらですが、どちらもダメなのです。撮影において、発見感を出すならば、まだその事柄について触れていない段階で、それがバッチリ見えてしまっている①の場合がダメなのは比較的わかりやすいかと思います。

たとえば

「美しい海に沈むきれいな夕日、しかしその時巨大な象がこちらに向かって突進！」

というナレーションがつくようなシーンだとします。まだ、ナレーションの前段階である「美しい海に沈むきれいな夕日……」のところで既に象が目に見えるデカいサイズで突進してきていたら、せっかくの驚きが台無しなのです。

この場合の正解は、二つあります。

A：パーン（カメラを横や縦にふること）

美しい海やきれいな夕日だけが映っている画面から、ナレーションの「しかし」あたりでカメラを横にふると象が突進してきているというような撮影の仕方。どちらかというと突発的に起きたことに気付いたような発見感がある。

B：ズームイン（引いたサイズの画から、ヨったサイズの画にすること）

美しい夕日や海が映っている画の中に小さくて認識できない程のサイズで遠くから象が突進してきている。ナレーションの「しかし」あたりで、その小さな象にズームインする。どちらかというと、探していたものを見つけたような発見感がある。

というような撮影の仕方です。

これは、考えてみれば簡単なことです。子供や恋人にプレゼントをあげようと思った時、ちょっとビックリさせようと思ったらどうするでしょうか。

恐らくもっともオーソドックスな方法は、プレゼントを両手で後ろに隠しておいて、何食わぬ顔で相手に近寄り、真ん前にきたら「はい！」といって相手にプレゼントを渡すというようなイメージではないでしょうか。

先の象の話も、このプレゼントの話も、どちらとも、ビックリしてもらうために、重要なものをちょっとのあいだ、見えないようにしているのです。誰でも、実際の行動ならば、このようなことを、ごく自然にわかっているのですが、これが、いざカメラで表現しようとなると原理は同じなのに、なかなか思いが巡らず、画で表現できないのです。

さらに、この時重要なのはその少し前のシーンからカットを割っていないというところです。調査を継続している中でようやく発見した、あるいは他のものを撮影していたら偶然発見したという感じを出したいのに、その直前でシーンを変えては、発見感が半減してしまいます。なぜなら、それだとリアルに感じないからです。だから、②もダメなのです。

たとえば、むかし徳川埋蔵金を探すという番組がありました。結局見つからない、いかにもテレビ番組的な番組ですが、もしも埋蔵金が見つかり、そのシーンをテレビで見ている状況を想像してみてください。

直前まで調査隊が洞窟を掘っている。しかし、そこでカットを割って、いきなり財宝をヨリで映したシーンに飛んだらどう思うでしょうか。

「これ、埋めたんじゃね？……」

僕ならそう思います。あくまでも、掘っているシーンからの続きで、調査隊が「あれ、何かガチって音がした」などというコメントを受け、カメラをまわす者はリアルにシャベルの先に何かがあるのだと気づき、そこへそのままズームインしなければいけないのです。

これが、よりリアリティを追求する発見感を出す撮影の仕方です。

そして、この発見感や調査感を出す際に、リアルなものを撮影する場合と、リアルなものを再現する場合があります。

取材中、意外なことが起こるケースは決して少なくはありません。これをしっかり撮影するためには、なるべくずっとカメラを回しておく必要があります。

なぜなら、そうしたハプニングというのはいつ起こるかわかりませんから。これは、非常に重要なことです。

常にアンテナをはっておく

僕がいま担当している「世界ナゼそこに？　日本人」というドキュメントバラエティ番組では、あまり知られていない秘境の国にいる日本人を取り上げるのですが、取材しているうちに、ここでの生活は大変だろうなという発見が多くあります。

そんな中のひとつは、ソロモン諸島という国に住む日本人を取材していたときに起こった停電です。それは、食事をしている時に急に起こりました。

僕は取材対象者と食事をする時でも、カメラをまわします。ドキュメンタリーの撮り方として、カメラを回し続ける撮影方法には賛否ありますが、もちろん、出演者との信頼関係や、カメラへの慣れを配慮して、僕はできる限りカメラをまわします。少なくとも、こちらの都合で撮影を止めません。

こうして録画したテープのほとんどは使われることはありません。なぜなら、僕と取材対象者がグデングデンに酔っぱらってしゃべっている内容の無い話や下ネタとかが収録されているだけですから。

ただこのソロモン諸島で食事中、突如停電が起きたのです。あたり一面は真っ暗。

僕はこの時本当に後悔をしました。

普段なら絶対カメラを回しっぱなしにするのですが、この時に限って何かの気まぐれで、「もう今日はいいかな」と思ってカメラを止めてしまっていたのです。

カメラは、手許においてありましたので、すぐに録画ボタンを押しましたが、すでにあたりは真っ暗です。

これでは、このソロモン諸島で暮らす大変さを伝えるできごとをせっかく発見できたのに、画では真っ暗な所から始まっているため、発見感は半減です。オンエアでは、初めこのシーンを使うかどうか迷いましたが、結局少しだけ使いました。ちゃんと撮れていれば、もう少し使えたはずです。

なので、次の撮影からは、これを肝に銘じて、なるべくまわしっぱなしにしておくのをサボらないようにしました。

ソロモン諸島の取材から一カ月後、次の取材地は南米のパラグアイでした。

五〇歳を過ぎてパラグアイに単身移住した方に密着したのです。なぜ、そんな日本の裏側パラグアイに住んでいるのか疑問に思うところですが、その方は、住んでいる村の他の住民が優しくて居心地がよいとインタビューで話します。それが、日本の裏側パラグアイに住み続ける理由なのか、と軽い発見はあったのですが、テレビなのにいかんせんインタビューだけでは画が追いついていません。

やはり、テレビである以上、「音」（インタビュー）による発見よりも、「画」による発見の方が圧倒的に視聴者に訴求する力があります。

そんなある日カメラをまわしながら雑談をしていて、さあそろそろお昼でも食べようかな、と僕とその取材対象者の方がでかけようとしたとき、突如近くのオジさんが段ボールを持って、取材対象者の家にやってきたのです。

「こんにちは〜、これ、食いなよ〜、おすそわけ」

「わ、いいんですか」

取材対象者の方へ、お昼ごはんのおすそわけ。段ボールには、おにぎりや料理が入っていたのです。村の住民の方たちとの交流には、昭和のご近所付き合いのような、優しい居心地のよさがあることが、ようやく具体的に画で発見できました。

もし、カメラをまわしていなかったら、画はいきなり取材対象者が喜んでいるシーンからになります。「わ、いいんですか」という取材対象者のリアルなリアクションも無し。

次善の策として、やってきた近所のおじさんに、

「すみません、もう一回入り口からはいってきてくれませんか？」

と頼むかもしれません。そこそこ腕のあるディレクターならこうしますが、これは好ましいことではないと思います。

やはり、出演者はタレントではないので、近所のおじさんの「こんにちは〜」も、取材対象者の「わ、いいんですか」も演技くさくなってしまいます。

なので、リアルな発見感を出すには、なるべくカメラをずっと回しておく、つまり常に

「何か起こるのではないかな」とロケ中、アンテナを張り巡らせておくことが必要なのです。

†驚いても絶対にカメラをすぐには止めない

「安全第一、取材は第二」

かつて戦場カメラマンの渡部陽一さんがおっしゃっていた言葉をきいて、ああこの人は本当のプロなんだなと心底尊敬しました。

まさに、渡部さんのおっしゃる通り、取材において安全を確保することが第一なのは、職業ディレクターとして肝に銘じておかなければならないことです。

ただ、そうは言っても後悔したことが以前ありました。先ほどのべた「世界ナゼそこに？　日本人」という番組でソロモン諸島を取材した時のことです。僕たち取材クルーは街の中央市場を取材していました。カメラ＆ディレクターが僕、それにADさんと、現地人通訳の三人です。

ここは庶民の集まる市場。僕たちは、日本とソロモン諸島の意外な関わりをこの市場に取材しにきていました。

ソロモン諸島という国は漁業が盛んな国で、この市場ではマグロやカツオが一匹数百円なんていう驚きの値段で買えるのです。だから、その昔大洋ホエールズのオーナー企業であった大洋漁業がソロモン諸島に工場を持っていたことがあり、それらに関する話を聞こうとしたのです。

市場の中へ入って、現地の人々に聞き込みをしていたその時です。

「ドン！」

自分の後ろの方で発せられた非常に鈍い音。そして、何か聞き取れないのですが、男性が叫ぶ奇声が聞こえたのです。

僕は、その瞬間ビックリして、思わず反射的に、撮影していたカメラの録画ボタンを押して、録画を止めてしまいました。

どうやら、泥酔した、というか薬物で少しラリっているようなフラフラした足取りの男性が僕らに

「何を撮ってんだオメーら」

みたいなことをわめきつつ、でかくて重いココナッツを投げてきたのです。僕のカメラにはここまでのことしか記録されていません。

その男性の行為自体も驚きでビックリしたのですが、その後起きた現象にさらにビックリしたのです。

市場全体から

「ぶ〜〜〜〜！」

幾重にもわたるハーモニーのように、ブーイングが巻き起こったのです。一瞬何が何やらわかりませんでした。そして、ブーイングの中からひとりのオバさんが一歩出てきて、

「なんてことすんだい！」

というようなことを、わめき始めたのです。僕らに対してではありません。そのココナッツを投げた男に向かってです。そう、市場にいる数百人のソロモン人たちが一斉になって男を非難し、我々取材クルーを守ってくれたのです。

ココナッツを投げたおっちゃんは、バツが悪そうに退散して行きました。とりあえずホッとしましたが、僕はその後発せられた通訳の言葉を聞いて、ひどい後悔に襲われたのです。

「ソロモン人は、外国人に優しいし、日本人は特に好きなんですよ」

そう、ソロモン人には、日本人びいきの人が少なくありません。大洋漁業の工場があっ

た時はそこで働いていた人もいたでしょうし、ソロモンの国際空港や、橋を造ったのも日本政府です。そして、何よりいま自分たちがロケをしているこの市場そのものも、日本のODAで作ったもの。市場の脇には、日本が作った旨がしっかり書かれています。

少し冷静になった後、激しく後悔しました。

僕は、とんでもない奇跡を撮りのがしたのだな、と。

僕たち取材クルーは、この市場にソロモン諸島と日本の意外なつながりを撮影するためにやってきたはずです。

もちろん、大洋漁業の工場の話も面白かったのですが、しょせん口で説明してくれただけにすぎません。

しかし、いまリアルな事象として、ソロモン人が大勢で日本人である僕たちを守ろうとしてくれ、その背景には日本がソロモンにしてきた様々なことがあるのかもしれないということがわかりました。

どう考えても、撮影してオンエアする価値のある情報に思えます。しかし、撮れていないのです。

途中、ココナッツを投げつけられ、罵声を浴びせられているところまでは撮れています。

画としては、これだけでもじつはそこそこ強いはず。発展途上国ですし、治安が日本より悪いのは確かですから、

「日本に比べ治安が悪く、取材班も取材中に襲われました」

という情報として使うことはできなくもない。別に、情報としてその部分だけ抽出すれば、間違いではありません。

しかし、それはやはりフェアではありません。この事件の本質は、その後、大勢のソロモン人が僕らを守ってくれたというところにあるのですから。

僕は、この部分の取材素材を、結局使わないことにしました。そして、その時、録画を止めるボタンを押したことを、強く反省しました。もちろん、身構えたり、相手を刺激しないためにカメラを構える姿勢をくずすのは、良いでしょう。

しかし、録画を止めるボタンを瞬時に押したのは、やはり悔やまれます。途上国でのロケでは、撮影中、ズボンの後ろポケットから金を抜かれそうになったり、若者たちに突如発砲されたり思わぬアクシデントが起こることが多々ありました。カメラを置いて逃げた方が良いような本格的に危ないケースもあるでしょうから、一概にはなんともいえませんが、ディレクターとして、事実を記録しようとするならば、あくまでも最後の瞬間までカ

メラをまわす、という姿勢が重要だと思います。

†終わった後が一番重要

最後までカメラをまわそうという話をしたので、さらに関連してもう一つ。取材をする際に一番大切なのは実は「終わった後」だということを付け加えておきます。

たとえば、ビジネスマンなどでも商談中、激しくやり合っても、いざ商談が終わり、エレベータで一階まで相手をお見送りする際に、

「さっきは、立場上激しいこと言ったけど、でも俺本当はね……」

と、ぽろりと本音をこぼすとか、そこに商談をまとめる上で重要な落としどころのヒントがあったりするのでは……。

これは、あくまで僕の想像です。それでも、取材の世界ではそうしたことが、かなりの確率であるのです。

タレントさんではない素人さんを取材している場合には、特にそうなのですが、カメラの前ではやはりこわばってしまったり、自分を作ってしまったりして、気持ちのこもった言葉が出てこないことが多いのです。

たとえば、B級グルメの大会などで、何かを試食した時のコメントを女子高生にインタビューしたとします。すると、おいしければ
「はい、おいしいです！」

と答えてくれたりします。これでも、成立していなくはないんですが、大抵の場合、

「はい、取材オーケーです。ありがとうございました」

なんていうと、

「ねえねえ、これマジでやばいから！　食べてみ!?」

なんて、隣にいた友だちにいうのです。これに似たシーンを幾度となく見てきました。

沖縄で歴史番組の取材をしたときもそうでした。どうやら、沖縄本島の北谷という所の沖合に巨大な人工の建造物に見えなくもない物体があるらしいということで、水中カメラマンをやとい調査しました。

船で沖合の現場へ行き、船上にモニターを設置。水中の画をリアルタイムで沖縄の大学教授に見てもらい、感想を撮影していたのです。

「どうですか？」

と聞くと、

「いやー、人工物ですね。間違いないでしょう」

学者らしく、淡々とコメントするのです。別にご本人は、あえて淡々としゃべってやろうとか思っていなかったでしょうが、やはりテレビだから、すこし固くなってしまっていたんだと思います。

で、

「はい、オーケーです」

と言った次の瞬間です。

「いや〜、本当にあるんですね！　間違いなく人工物でしょ！　これ！　だって、ここ見てよ！」

もう、テンションマックスのノリノリでしゃべり始めたのです。まちがいなく、素材としてはこちらの方が、断然に印象が強いものでした。

だから、本音や、心のこもったコメントを撮ろうと思ったら、

「はい、取材オーケーです」

と言った後もカメラを止めずに回しておくのです。しかもカメラの構えを、揺れすぎない程度にうまく外して。

あるいは、テーブルなどの上にさりげなく置いておいて、雑談風にするというのも手です。

やはり、カメラの前に立つというのは、普通の人にとってある種のストレスですから、そのストレスから解放されたテンションの高まりもあって、大体良いコメントは「オーケー」の後に出てきます。

これは、素人さんだけでなく、経験上タレントさんなどでも結構そうだったりします。たとえばスタジオなどでタレントさんを撮る時、試食などしてもらった際には、いつも、オーケーを出してもしばらくこっそり、そのままテープを回し続けます。

すると、「いや〜、この酒本当にうまいね」などと、かなりの確率で本音がでてきます。やはり、タレントさんだろうと、素人さんだろうと、なるべく本音やリアルな部分が出た方が、見ているこちらの胸に響くものがあります。終了した後でさえ、撮影を続ける。これも、よりよいものを撮るためのコツだと思います。

第八章 「わかりやすく」伝える物語の組み立て方

わかりやすく伝えるためのキーワード、それは編集です。

編集というのは、取材した素材を凝縮し、物語を組み立てる作業です。こう聞くと、なにやら専門的な話に聞こえるかもしれませんが、そうではありません。情報を取捨選択して、ストーリーに意味を持たせる編集という作業は誰しもが日常の生活の中で毎日行っていることです。

たとえば「会話」です。買い物に行ったスーパーでいつもより大変お買い得な買い物をしたことを旦那に話す。あるいは、取引先との打ち合わせ内容を上司に報告する。

これも立派な編集作業です。スーパーで起きたこと、取引先との打ち合わせを一言一句そのまま伝える人はほぼいないと思います。この場合相手にとって魅力的、あるいは意味のあると思われる情報を取捨選択して話を構築するという作業を、人は知らず知らずのうちちに行っているのです。

この編集作業がうまい人が、聞いていて面白い「話のうまい人」、編集作業の下手な人が、なんかダラダラしていてつまらない「話の下手な人」ということになります。

芸人さんは話が面白く、聞いていてあきません。これはつまり、「話の編集」が上手なのです。

テレビの編集も本質は全く一緒です。すなわち、「テレビの編集の技術」とは、「面白く話をする技術」そのもの。一度撮影した素材を見直して、取捨選択、ストーリーの組み立てを行うこの編集なくして、面白い番組作りはありえません。

テレビ番組というのは、番組にもよりますが、一分作るのに、大体一時間分の撮影が必要だと言われることがあります。

トーク番組や音楽番組は、もっと効率がよいのですが、外にでて取材を行う「ロケもの」といわれる番組、中でもタレントが取材に行かない「手作り系」の番組に関しては、おおむねあたっているのではないかと思います。

かつて担当していた「空から日本を見てみよう」という番組では、地上の取材部分のオンエア分数は、一ネタにつき二、三分くらいが目安だったのですが、平均すると取材テープは一ネタにつき一時間テープ二〜四本くらいでした。

先日、「世界ナゼそこに？　日本人」という番組で、ペルーのスラム街を取材した時は、約五五分のVTRだったのですが、こちらは、一時間テープにして、約一〇〇本でした。

後者はドキュメンタリー番組的な要素が強いため、ややテープ本数が多いのですが、おおむね手作り番組における素材量というのは、一分につき一時間分の撮影というのは、間違っていないと思います。

それらの素材から、カットを切り出して並べる作業が編集です。

以前は、編集機が高価で操作も難しかったので、編集は専門の編集マンと、ディレクターが相談をしながら行うという形式が一般的でした。現在でも、ごく一部の番組や、報道番組ではこのスタイルが残っています。

しかし、非常にリーズナブルな編集ソフトが登場し、編集は、最後の最後の仕上げを除いて、ディレクターが行うのが一般的になりました。技術の進歩により、仕事が増えてしまったのです。

なので、ディレクターは取材が終わると、膨大な素材からカットを選ぶ編集作業に追われます。

この編集というのが、非常に時間がかかる作業なのです。ディレクターの徹夜の原因の九割はこの編集作業です。なので、取材は大好きだけれど、編集は大嫌いというディレクターもいます。

たしかに、徹夜は辛いので、嫌いになる気持ちはわかります。とはいえ、編集というのは、実は取材と同じくらい重要です。ときには、取材以上に重要かもしれません。

なぜなら、編集次第でよい取材ＶＴＲも簡単に駄作になるからです。そして、取材で多少の失敗をしても、編集次第である程度良いＶＴＲになることもあります。

では、取材した素材をより輝かせる編集とは、どのような編集なのか。編集とは、取材以上に個性がでるところですから、実は正解はありません。しかし、この点を外してはいけないという不正解な編集は間違いなく存在します。

編集でもっとも意識しなければならないことは、次の二点です。

①わかりやすい
②飽きさせない

この二点を追求するのが、テレビ番組の編集であり、これができていない編集が不正解です。まず①が基本的な作業で、②が応用的なスキルといってもいいかもしれません。

この二つを意識して編集のポイントをいくつかご紹介します。

まずはムダな部分を削ぎ落す

この作業は、編集の基本中の基本です。編集をやったことがないと、まず何から手をつけていいのかわからないかもしれません。しかし、難しく考える必要はありません。

まずは、取材したテープに一通り目を通し、そのなかから使いたい素材を抜き出すのです。

そして、オンエア時間の数倍の時間の、荒い「抜き素材」を作ります。実は、この作業がかなり面倒くさいのです。

取材した素材は何十時間、ときには何百時間に及びます。なので、この抜き作業を省略した編集をするディレクターもいますが、そういう手法はオススメできません。かなり、老練なディレクターになると「勘」のようなもので、ある程度のものをサクサク作れるようになりますが、初心者がそれをやってしまうと、想定台本通りに画をぬっていく作業になりがちで、現場で起きているハプニングなど、せっかくの素材を見逃してしまい、台本どおりの予定調和の、つまらないVTRになってしまいます。

撮影したテープをもう一度見直して、意外な発見や、取材中に起こった想定外のハプニングの中から使えるものを、もれなく抜き出す作業が必要なのです。

†時間軸を取っ払う

酒でも飲みながら友人に、こんな話をしている人がいるとします。

A

「昨日新橋の焼き肉屋に行ったんだよね」

「銀座のドンキホーテの近くにあるカルネステーションって店」

「実はそこ、焼き肉が一〇〇〇円で食べ放題なんだ！」

「一〇〇〇円だけど、カルビも結構いけるんだよ」

「で、寿司やカレーも食べ放題なんだよね！　今度いかない？」

新橋の蓬萊橋の交差点の近くに、カルネステーションという店があって、ここ、本当にランチは一〇〇〇円で焼き肉食べ放題なのです。TVチャンピオンで「食べ放題王選手権」を担当し、東京中の食べ放題店をリサーチした時に、見つけた店です。

昔、金がない時によく食べに行きました。また「せこい」と言われる危険性はありますが、食べ盛りのADさん大勢を食事に連れて行かなければならない時は便利です。

まあ、それはいいとして、いまの話を次のように少し変えてみるとどうでしょう。

B

「ねえ、近くに焼き肉が一〇〇〇円で食べ放題の店があるの知ってる？」

「昨日その店に行ったんだけど、カルビがけっこういけるんだよね」

「しかも寿司やカレーも食べ放題で！」

「銀座のドンキの近くにあって、新橋駅からでも歩いていけるんだよね！　カルネステーションって店！　今度行かない？」

何だか、まったく印象が違うと思いませんか。僕はBの方が魅力的に聞こえます。

これが、編集という作業です。AもBも使っている話の要素は全く同じ。ただ、それらの要素の話す順番を変えただけです。

実は、Aは話の要素を、物事が起きた順番通りにしゃべっているだけです。

「昨日、どこの場所へ行き、なんとかという店へ入り、そこで何を食べました」

という具合です。それに対してBは、相手にとって魅力的と思える情報を先に出して興味を引いてから、詳細な情報を小出しにしていきます。これが、時間軸を取っ払うということです。

「あの人、話が面白いよね!」と言われるような人は、無意識のうちに話を編集する能力に長けた人なのです。

「話がつまらないよね」と言われる人の話し方でよくあるのが、ものごとを時間軸通りに羅列する話し方です。

そして、テレビ番組の編集も、この「話を面白く聞かせる方法」と同じです。

テレビ番組の編集において、初心者ディレクターは、取材した素材を時間軸通りに編集して失敗することがあります。

これだと、お話にメリハリがなく、要素を羅列しているような印象を与えてしまいます。

ＶＴＲを編集する際には、場合に応じて時間軸を大胆に取っ払っていく必要があります。時間軸を取っ払うことで狙える演出効果をいくつかあげておきます。

①強いものを先出し興味をひいて、残りの情報を見てもらえるようにする
②因果関係をわかりやすく説明できる
③結論を先に出して、その謎を紐解くミステリーのような構成にできる

などです。いま述べた焼き肉の話は①のパターンです。このように、時間軸を取り払うスキルを身につけることで、より「わかりやすく」「飽きさせない」編集が可能になるはずです。

†フリを入れるということ

先にも述べましたが、僕は魚が大好きなので、よく一人で田町の回転寿司屋に行きます。で、いつも
「ネギトロ巻き！」

と注文するのですが、なかなか注文がうまく伝わりません。

「え？」

と聞き返されたり、時には華麗にスルー。テレビのディレクターは得てしてそうなのですが、僕も例にもれずかなり地声が大きいので、声が届かない方ではないのにです。

そんなある日、なんでだろうなと考え、ふとひらめきました。注文の仕方を少し変えてみたのです。

「すみません！　ネギトロ巻き！」

そうすると、どうでしょう
「はいよ！」

注文が一発で伝わる確率が格段に増したのです。もし、回転寿司が好きという方がいたらぜひこの違いをお店で実験してほしいところです。

じつはテレビの編集でもまったくこれと同じ作業が必要です。これは「フリを入れる」というテクニックです。

よくよく考えてみましょう。回転寿司屋は、普通のカウンターのお寿司屋さんに比べるとかなり多くお客さんがいます。そして、他のお客さんの注文分だけでなく、お土産や、回転台にのせるものなど、常に何かお寿司を握っています。

つまり、僕が注文する時には、いつも他の作業をしている。意識は、「握る」という他の作業に向かっていて、注文は「ながら聞き」なのです。

そんな中、いきなり用件から切り出されたらどうでしょう。「握る」という作業へ向いていた意識を、何やら客が発した言葉に反応して「注文を聞く」というモードに切り替える、その間に、すでに、「ネギトロ」というキーワードは過ぎ去ってしまいます。これでは、伝わりにくいに決まっています。

だから
「すみません」

と、フリを入れるのです。このことばで、まず意識をこちらにふりむけてもらう時間をつくることができます。

そして、意識が切り替わったそのあとのタイミングで「ネギトロ」と用件をいいます。

この回転寿司屋でのテクニックは、テレビ番組の編集を行う際でも非常に重要です。

なぜなら、回転寿司屋とご家庭でテレビを見ている状況というのは、非常に似ているからです。

ありがたいことに、テレビが好きで非常にじっくり見てくれている視聴者さんもいるにはいます。が、ごく少数。

映画などと違い、テレビはご家庭でご飯を食べながら、家事をしながら、子供の面倒を見ながら……様々なシチュエーションで「ながら見」をしている方がほとんどだと思います。

僕自身も仕事以外のプライベートでテレビを見る時は、ながら見のことが多いです。

ですから、

「ここだけは視聴者の方に伝えたい」

というポイントの前には、フリをつけてあげる必要があります。

取材対象者が、もっとも大切な言葉を言う時には、その直前にナレーションで、

「そして、その時彼が思ったこととは」

というように、フリを入れ、「ながら見」でも、意識をテレビに向けるきっかけを作ってあげるのです。

そうすることで、ながら見でも、大まかな流れをつかんで番組を楽しんでもらうことができます。

そしてもう少し、立ち入ったことをいうなら、そのあとのコメントもすぐに大事なことに直結するのではなく、できれば

「え〜」

とか、

「う〜ん」

という取材対象者のコメントの頭につく一見ムダっぽい感嘆詞を切りすてることなく、編集上、生かすべきです。

こういったところをどうしても切ってしまいがちなのですが、このはじめの「え〜」や「う〜ん」が、大事な発言の中身を聞くための準備の時間になるのです。

そして、さらに「フリ」と対になる編集のスキルに「ウケ」という技術があります。

これは、大切なコメントなどの場合、それをもう一度ナレーションで受けて、繰り返してあげることです。これも、「フリ」と同じ効果があります。中には、「フリ」と「ウケ」を両方使う場合もあります。

あまり多用しては番組にうっとうしさが増すので、使い過ぎは要注意ですが、ここぞというポイントでは、有効な基本的なスキルです。

これは、映画などではあまり必要なく、極めてテレビ的な編集のスキルといえるかもしれません。

でも、このスキルは寿司屋やテレビ番組だけでなく、会社のプレゼンや会議などでも応用可能だと思います。

プレゼンや会議なんて大体、発言者以外はぼーっと聞いているものです。全員とは言わなくても、一部にはそういう人がいるはずです。

だから、もっとも大切なことを言う前には、しっかり

「そして、今から申し上げるここが最も重要なポイントです」

と、わかりやすく言ってあげるべきです。そうすることで、ぼーっと昼飯を何にするか考えていた人たちも、ここだけは聞かなきゃ、と発言者に気を向けてくれるはずです。

†意外性を「作り出す」フリの応用

さらに、これは応用なのですが、フリは使い方次第で飽きさせないための「意外性」を作り出すことができます。その方法は、「ミスリードさせるフリ」を作るというものです。

あえてその後来る答えとは違う方へ、見ている人の気持ちを誘導していく方法です。た

とえば、ちょっと見た目は怪しいけど、実は凄いよい人を紹介する場合、

ディレクター「お仕事はなんですか」
取材対象者「闇金……」
ナレーション「まさか!?」
取材対象者「闇金を取り締まる仕事をしています」
ナレーション「そう、実はこの方、見た目は意外とイカついですが、困った多重債務者を救う街のヒーロー」

このような構造です。会話の途中であえて「まさか!?」と結論に対して逆にツリのナレーションを入れることで、普通に編集するよりも驚きや意外性、安堵といった心理効果をもたらしています。

この場合は下げてもちあげるパターンですが、逆にあげておいて下げるという手法もあります。こちらは、編集の技術でもありますが芸人さんたちの笑いの取り方としてもよくみかけます。

とはいえ、こういった手法はあくまで小手先の技術。人に話を面白く聞かせるためのテクニックとしては、非常に有効でしょうが、テレビ番組であるならば、本来は素材自体の驚きで勝負するのがやはり正攻法です。番組のジャンルによっては不誠実さを感じさせる場合もある諸刃の剣ですので、時と場合をよく見定めて使用する必要があります。

†行ったことも無いニューヨークの良さを話されてもウザい

みなさん、こんな体験をしたことは無いでしょうか。

「いやあ、こないだニューヨークへ行ったんだけどね。やっぱ、洗練のされ方が違うよね。五番街なんて特に……」

海外旅行に行ってきた友だちがこんな話をする。この時、自分がニューヨークに行ったことがなければ、こう思うのではないでしょうか。

「つまんねー話だな。早くおわんねーかな」

しかし、ニューヨークへ行ったことがある人ならば

「わかるわかる〜！　五番街のあのカフェいいよね！」

と言って盛り上がるのではないでしょうか。

そう、人は共通の体験があれば、その話題に興味をもてますが、共通の体験が無ければ、なかなかその話題に興味を持ちづらいという傾向があります。

テレビ番組の編集の上でも、これを意識した編集をする必要があります。

しかし、テレビで取り扱う話題が、全ての視聴者が体験したことのあるような身近な話題である場合は稀です。

ファミレス特集や牛丼特集など、ある程度共通体験がある場合もありますが、全ての人が体験したことがあるわけではありません。

メジャーな題材ではない、「新しい面白さ」を追求するような番組なら、その傾向はなおさら強くなります。

とくに、「世界ナゼそこに？ 日本人」という番組では、ブルキナファソや、東ティモール、ベリーズなどといった聞いたこともないような国を取り扱います。ラオスへ行ったことがあるとか、ソロモン諸島へ行ったことがあるといった「共通体験」は皆無と思っておいた方が間違いなさそうです。

そのような時に役に立つのが、伏線をはり、視聴者に体験を共有しておいてもらう編集方法です。

ラオスに取材に行った時のＶＴＲのお話です。このお話の主人公は六五歳の日本人のおじいさん。五〇代半ばで会社を辞めて、ラオスにさとうきび畑と工場を作り、ラム酒を作っていたのです。

ラオスというのは東南アジアの秘境と呼ばれ、日本人にはあまりなじみの無い国かもしれません。現在でも共産党の一党独裁が続き、北朝鮮が同盟国という国です。

日本人が商売をするには、決して楽ではなさそうなところで、ラム酒をつくる日本人。

「なぜ、そんなところで」と疑問でした。

そして、二週間程取材をし、最後にロングインタビューをしていた時に、なぜこの地で頑張るのかという問いに対する答えの一つとして、彼はこう言いました。

「ラオス人の優しさにこころをうたれた。だから、そんなラオス人に恩返しをしたいと思う気持ちは確かにある」

僕自身は、その現場でこの答えに非常に納得しました。しかし、これをいまお読みの方のほとんどは、別に共感も納得もできないと思います。

そして、現場では僕も、なかなかこれだけでは視聴者は共感できないだろうなと思いました。

なぜなら、ラオス人の親切さや優しさを経験をしたことが無いからです。

じつは取材中僕らはラオス人が非常に親切な人々だなとことあるごとに感じていました。様々な場面で、ラオス人が僕らのロケを助けてくれたのです。だから、それを視聴者に番組の前半で共通体験として味わってもらうことにしました。

取材のかなり初期のころ、この日本人の畑がどこにあるのかをラオスで聞き込んでいた時、

「遠いから乗って行け！」

といって、親切にもタダで畑の近くまで連れて行ってくれたラオス人がいました。だから、編集する際に、番組の前半でこのシーンを使うことにしました。このシーンを見てもらうことで何となく、ラオス人は親切だな、と少し印象づけておくのです。

そうした印象を共有してもらい、番組の後半で、「自分たちに優しくしてくれたラオス人に恩返しをしたい」という、日本人がラオスへ行って商売をしている動機の説明がくる。こうすることで取材対象者の気持ちが、より視聴者に共感や納得感を持って聞いてもらえるようになるのではないかと思ったのです。

実際に取材をして感じたことを、編集の際、ちゃんと前半に共通体験として埋め込んで

おく。

そうすることで、後半の結論部分がより納得のいくものになる。あるいは、ディレクター が取材からそのような結論を導きだしたことへの理由付けになっている。これが「共通体験」を作るという編集方法です。

特にドキュメンタリーなどではこれが無いと、VTRはディレクターの気持ちや取材対象者の発言が一人歩きするだけで、視聴者にあまり思いが伝わらない非常に浅いものになってしまうこともあります。

†「間」を有効利用する

「飽きさせない編集」というのを心がける上で、覚えておいた方がよいテクニックは他にもたくさんあります。中でも、ディレクターになりたての人のVTRでよく欠如しがちないくつかのポイントを三つ挙げておきます。

①ヨリヒキのメリハリをつける
②テンポをあえてくずす

③「間」や「素」を有効利用する

です。

簡単に説明すると、①の「ヨリヒキ」のメリハリをつけるというのは「画」の選び方についてのスキルです。これは、そのままの意味です。

編集する際に「画」と「音」の両面からシーンを切り取っていく時、陥りやすいワナに、ついつい「音」＝「ストーリー」にばかり意識を傾けて編集してしまうことがあると先に述べました。

「ストーリー」ばかりを気にしていると、どうしても「画」にヒキが多くなってしまいます。なぜなら、ヒキの画の方が、状況を説明する要素が多く含まれているからです。だから、ディレクターになりたての方のＶＴＲは、ついついヒキの画が多くなってしまうのです。

ヒキが続いていていてインパクトにかけるなと思ったら大胆にヨリの画を挟んでいく。これだけで、ずいぶんＶＴＲの印象が変わり、飽きにくい、いかにもプロが作ったっぽいＶＴＲになると思います。

②のテンポをあえてくずすというのも、そのまま言葉の通りですが、これも駆け出しのディレクターのＶＴＲに欠如しているポイントの一つです。
一カットずつの長さについてもそうです。五秒のカットの次にまた五秒くらい、というようにずっとメリハリの無い長さのカットを続けるだけでなく、時として二〇秒という長尺のカットの後に二秒、二秒、二秒、二秒と短いカットを連続してはさみこんでみる。また時には一カットで二分くらいつないで現場の緊迫感やリアルな空気を感じさせる。このような意識を持つだけで随分とＶＴＲにリズム感が生まれて飽きにくくなります。

またこれは、一カット単位ではなく、数枚から数十枚のカットでひとまとまりになった「シーン」単位でも同じことが言えます。はじめのシーンが、ナレーションでフリを入れて、取材対象者のコメントがあって、ウケのナレーション。

そして、次のシーンもナレーションでフリを入れて、取材対象者のコメントがあって、ウケのナレーション。

これでは、飽きてしまいます。一シーン目がナレーションでフリを入れて、コメントがあって、ウケのナレーション、という形だったのなら、次のシーンは、全てナレーションで説明してしまってもよいかもしれませんし、またコメントで全てを言わせてしまってもよいかもしれません。

一カットずつ、一シーンずつ、意識してテンポをずらしていくことで、飽きにくいVTRに近づくと思います。

最後の③、「「間」や「素」を有効利用する」というのも重要な編集の技術だと思います。「間」と「素」は似ているのですが、ここでは「間」は取材対象者のインタビューにおいて、しゃべっていない部分、「素」は編集において、ナレーションもコメントも入っていない部分、といった意味合いでとらえていただければと思います。

ナレーションもコメントも入っていない「素」は、どうしてもVTRの尺をつめる際に切ってしまいがちなのですが、べったりナレーションやコメントがつまり過ぎているVTRというのはどうしても見ていて疲れます。

そして、テンポも一定になってしまいます。だから、適度に「間」や「素」をはさみこんでいくべきです。

また、「素」や「間」には、テンポを出すというだけではなく、もっと積極的な意味を表現するために必要な場合があります。

たとえば、かつて栄えた文明の遺跡を紹介する際には、滅亡した経緯や年代をナレーションで説明して、画には遺跡を映しますが、べったりナレーションをつけてしまうよりも、最後の一カットくらいはナレーションを入れず「素」にした方が、滅亡した文明に遺跡が静かに佇んでいるという情感をより表現できるでしょう。

また、インタビューで何もしゃべっていない「間」については、どうでしょうか。

かつて、ある女性をインタビューしていた時に、彼女は過去の自分の後悔を述べ、インタビュー中に席を立ってしまったことがありました。

前に触れた、ペルーでスラム街の人々を救う女性が、自分の旦那さんが死んでしまった原因が自分にあるのではないかと、後悔を口にしたときのインタビューです。

彼女は、後悔の念を涙を流しながら語った後、言葉を言いよどみ、席を立ちました。

○・一秒だけ迷いが生じてカメラをほんのわずかふりかけたのですが、すぐに思いとどまり、その空席のままのシーンをカメラで撮影しました。

そして、編集の際、それをどのように使うか考えました。そして結局、席を立って空席になる、そして空席になったシーンを、そのままかなり長く使うことにしました。

編集の選択肢としてはいくつかのパターンが想定できます。

①席を立つ前までを使う
②席をたって一、二秒くらいのところまで使う
③席をたってから一、二秒ではなく、もっとたくさん使う

この①〜③では、表現している内容に大きな差が出てきます。

コメントだけを生かすなら①の編集でまったく問題ないのですが、それではこの女性の心情を十分に描けていません。
②の長さまで使うと、彼女が席を立った、というところまで描けています。しかし、描けているのはそこまでです。
③の長さまで描くと、かなり違和感を感じます。誰も映っていない、イスだけの空席で、ナレーションもコメントもなく「シーン」とした映像が数秒間続くのです。しかし、この秒数の「間」をとることで、「席を立った」ということに加え、「戻ってこなかった」という事実までも伝えられます。
僕は、③の編集方法をとりました。「席を立ったが、戻ってこなかった」。これこそ、「間」でしか表現できないことなのです。

実は、この「間」や「素」を描けることこそがテレビの強みです。書籍ではなかなかリアルに描きにくい「言いよどみ」や「言葉のつまり」「無言」をリアルに描ける。そして多くの場合、それこそが取材対象者の真の気持ちであり、「言葉」なのです。

こうした「素」や「間」を、いかに丁寧に使いこなせるかは、編集においての重要な技術の一つなのです。

†撮影中に頭で編集をする

そして、最後に編集に関して一番大事なことを少しだけ述べて、この章の終わりにしておきます。

それは、編集において一番重要な現場は、実はロケ現場だということです。つまり、取材中に、常に頭の中にタイムラインを作り、頭の中で編集しながらロケを進めるということです。

編集で一番困ることが、「必要な素材が撮れていない」ということです。

いま、この章で説明した、フリやウケを作るにしても、ヨリヒキのメリハリをつけるにしても、この章以前に述べた「発見感」を出すにしても、「調査感」を出すにしても、その素材が撮影できてなかったら、どうしようもないのです。

もちろん、取材中は、取材中ならではのハプニングや、素の取材対象者の魅力を引き出すことを第一の目標にしなければならないのは、間違いありません。

しかし、常に頭の中で撮影できたものをインプットしながら編集し、この撮影したシーンを最大限生かすには、どういったシーンが撮影できていないのか、を考えながら撮り漏らしのないように撮影していくという姿勢が重要なのです。

第九章　テレビがより面白くなる!・ツウな見方

第七章で、「ディレクター的撮影法」に関する様々なテクニックをご紹介しました。しかし、まだまだ細かいことから応用まで、さまざまなテクニックがあります。それらは、作り手のいろいろな考えを示すメッセージになっており、ディレクターは番組にいろいろな意図をこめます。そして、出来る限り視聴者に見てもらってその反応や感想が欲しいと思っているものなのです。

この章を読んでいただければ、テレビの向こう側のディレクターの隠された意図を見抜きながら、ディレクターと会話をしているような感覚でテレビを見る面白さを発見できるかと思います。

いままでとはひと味違うテレビの見方に、足を一歩踏み出してみてはいかがでしょうか。

†テレビは人を洗脳しようとする⁉

ヒトラーを頭の中に思い浮かべてくださいと言われたとき、どんな画を思い浮かべますか。ヒトラーが演説している姿かもしれませんし、手を前に突き出しているナチスの敬礼をしている姿かもしれません。

多くの方はヒトラーの顔より下の方から上向きにカメラをかまえたアングルで撮影している画が思いうかぶのではないでしょうか（写真㉚）。

このような配置は、「アオリ」と呼ばれるカメラアングルです。

実はこれが洗脳の一種です。

「意志の勝利」というヒトラーの指示で作られたナチスの記録映画があります。この映画の見せ場は、一九三四年九月に行われたナチスの党大会でのヒトラーの演説です。

その演説はおそらく一〇台近いカメラで撮られていると思われますが、ヒトラーをメインに映しているカメラは、実はすべて「アオリ」でとられています。

このシーンはよくテレビの歴史番組などでも使用されます。そして、実は他に残されているヒトラーの映像に関してもこの「アオリ」と呼ばれるアングルで彼を映しているシー

㉚「意思の勝利」で描かれたヒトラー

ンが多いように思います。

カメラアングルや、カメラワークには、それだけで見ている人に影響を与えます。つまり、同じ被写体でもカメラアングルやカメラワークが違えば、違う印象を与えることになるのです。

実は、「アオリ」と呼ばれるカメラアングルには、被写体の迫力を増大させる効果があります。

これは、長年遺伝子に刻まれてきた本能かもしれません。子供のころ自分より大きな大人には本能的に畏怖の念を抱きます。野生の世界では基本的に弱肉強食ですから、自分より大きい物には恐怖を感じるようにできている。というか、そういう遺伝子を持ったものが、正の自然選択の結果生き残り、我々もそう感じるのだと思います。

このように「アオリ」に人間は本能的に「迫力」を感じます。そしてディレクターは、カメラアングルを意図的に決めます。決めなければディレクターとは言えません。

しかし、これは何も人々を洗脳するのがディレクターの仕事だといっているわけではありません。

アオることを決めるのもディレクターですが、アオらない、つまりフラット（被写体と同じ目線の高さ）に撮り心理的影響がないアングルにするというのも、ディレクターの選択なのです。

「意志の勝利」の監督であるレニ・リーフェンシュタールは、戦後になってナチスへの政治的な意図による協力を否定していますが、そこに政治的な意図があったかどうかはともかく、恐らく被写体に迫力を持たせるために、このカメラアングルを意図的に決めたことは間違いありません。

これは、ただのカメラアングルに過ぎませんが、そのカメラアングルが人々にヒトラーという人物を迫力のある人物として感じさせ、彼を支持するようしむける一助になってしまっているのです。ヒトラーがメディアを駆使して、民主的に独裁を実現したと言われる所以です。

と、まあ随分と古い話を持ち出しました。ひるがえって、最近の日本の政治家は迫力が無い、小物だとよく言われます。しかし、僕は一テレビマンとして、非常に良いことだ、と思います。

ニュースを見る機会があったら、最近の政治家の演説や国会討論を見てみてください。多くは「フカン」と呼ばれるカメラ位置でとられています。

「フカン」とは、被写体の目線より高い位置から、被写体を見下ろすように撮影するカメラアングルのことです（写真㉛）。

よくテレビ中継される予算委員会が行われる部屋や国会の本会議場では、テレビカメラが陣取る位置は決められています。そして、ほぼ全てそれらは発言者の目線より高い位置にあります。だから、テレビでは、政治家を「フカン」で見ることになるのです。

㉛国会で答弁する安倍首相

「フカン」は、被写体が従順であったり、弱い存在である印象を与えます。

もちろん、迫力を構成する要素は、カメラアングルだけではありませんし、そんなカメラアングルのマイナスを差し引いてもなお、迫力があるように見せる、魅力ある政治家もいます。

しかし、概して国会のカメラアングルは政治家たちに頼りない、迫力がない印象を与える一助になっていると思います。

このカメラ位置を決めた人がどういうつもりで決めたのかはわかりません。スペースの問題で、後ろの方のあそこから、と決めただけかもしれません。あるいはひょっとして、映像に造詣が深く、あえて映像のアングルが持つ危険性を認識していながら、ツカンのカメラ位置を指定したのかもしれません。

しかし結果として、必要以上に無意味に権力者に迫力を付与しないというのは、その結果発生するデメリットを考慮してもなお、健全な民主主義を標榜する我が国のカメラ位置に本当にふさわしいな、と常々思います。

これは、動画でも、写真でも一緒のことです。カメラ位置をアオリにして、選挙ポスターを撮影したりする政治家には、アオる何らかの意図があるはずです。

ニュース番組でも、ローアングルからのアオりを非常に多用する番組もありますが、そこにはよい悪いは別にして全てディレクターの意図があります。

報道番組を見る際は、視聴者の皆さんは常に警戒心を持って、カメラアングルと向き合う必要があるでしょう。

また、バラエティやドキュメンタリー番組にも、カメラアングルやカメラワークには意図がこめられています。そしてディレクターを目指す人々は、意図的に、それらを使いこなせるようにならねばなりません。

しかし、バラエティやドキュメンタリーのディレクターは、別に、政治的な権力を追及したり、批判したりしているわけではありませんから、そうしたアングル表現に洗脳や正義、報道の意義、みたいな価値観を詰め込む必要はありません。

視聴者に伝えたいこと、感じて欲しいことを伝える手段として、ナレーション以外にカメラアングルやカメラワークを活用すればよいのです。

逆に視聴者の皆さんは、このカメラアングルやカメラワークを少しだけ意識して見ていけば、ディレクターの意図が、より明快にわかるようになり、ちょっとツウなテレビ番組の楽しみ方ができるかもしれません。

まずは、次に、僕なりに考えるカメラアングル、カメラワークの影響や使い方に関してまとめておきます（二二一、二二二頁）。

もちろん、これはカメラワークやアングルそのものの効果であり、たとえば床が石畳でそれと風景を見せたいときは下からのＰＡＮにするなど、撮影対象によってカメラワークが変わるのは当たり前です。

カメラアングルに関して

ローアングル（アオリ）

A 取材対象に迫力を増加させる
B 違和感を付け加えたい時
C 犬や猫など小さい動物を可愛いく見せる
D ひきじりが無い際、手前の人や物と背景の建物を同時に映り込ませる

ハイポジション（フカン）

A 取材対象に弱々しい気分の印象を与えたい時
B 奥行きや広さを強調したい時
C 客観性を出したい時
D 全体の状況、位置関係を見せる

目線高①

（街や、建物などを映す際、人間の普通の目線の高さ）…
A 自然なイメージ
B 疲れさせないようにする効果
（アオリやフカンを多用しすぎると疲れるし、そもそも演出効果が効きにくくなる）

目線高②

（人物を写す際、相手の目線の高さ）
A 自然なイメージ
B 意識的に中立性を保っていることを表現する時

カメラワークに関して

実景における下へのPAN（振り下ろし）

A 状況の転換
B 特に空からふる場合は日にちの転換
C 木や雲、太陽などからふる場合は季節感や時間を認識させる役割
D 弱めの発見感の創出

実景における上へのPAN（振り上げ）

A 違和感、迫力を少し加味したい時
（床からのPANは閉ざされた世界から、解放された世界に画が移動するため、迫力が増り）

実景における横PAN

A レンズの画角に収まらない広い世界を見せたい時
B 弱めの発見感の創出

クイックズームイン

A 強い「発見感」を出したい時
B 撮影対象を強調したい時、注意をひきたい時
C 引きの画とズームイン決まりの画との関係性をつけたい時
（NA「この広大な大地にはぐくまれた、最高級のぶどう」なら大地の広い画からぶどうへの z.i）

じんわりズームイン

A 情緒を出したい時
B じっくり場面を転換したい時
C 期待感を持たせたい時
D 物撮りの場合、努力の積み重ねや長い年月を強調したい時

クイックズームアウト

A 場面転換
B 違和感を出したい時
C 撮影対象のワンポイントを強調しながら全体についての NA をつけたい時
（基本的には建物は pan か fix だが例えばNA「豊臣氏ゆかりのこのお寺」なら、瓦にある豊臣の家紋から寺の全体へズームアウトするという類）

じんわりズームアウト

A ある程度まとまりのあるシーンや、番組のラスト
B 物事の原因を説明するナレーションでその原因が開いた画にある時
C　1から2に話を展開したい時、1からじんわりズームアウトし、2ナメに

歩きドリー

A 調査感
B 視聴者に主人公になったような印象を与える
C「多い」感
（「市場には魚がいっぱい」のようなナレーションがつくとき、どこまで歩いて行っても、市場に魚がならんでいるような画作り）

ドリーイン

A 撮影対象の強調
B 決めカット感を出したい場合

定点

A 客観視
B 時間経過

定点早回し

A 苦労感
B 連続性を感じさせる時間経過
C 物事が出来て行く過程を見せる

このようにワークの持つ潜在的な力を理解して徹底的に活用したVTRと、そうでないVTRでは、印象やインパクトに大きな差が生まれます。

発見感を出すべき時にパーンやズームインができていないと、発見感の無いVTRになってしまいますし、状況をただひたすらダラダラとナレーションで説明するだけの驚きの無いVTRになってしまうのです。

逆にあまり迫力の無い建物でも超ローアングルを使うことでそこそこ迫力のある画にすることができます。

ディレクターはこうした効果を意識して撮影することで、より面白いものを作れるようになります。

しかし、今述べたのは、カメラのアングルやワークといったごく基本的なものの、さらに基本的な意味付けにすぎません。

画に意味やメッセージを込める方法には、他にも色々なテクニックがあります。続いて、そんな少し上級編な画の作り方をご紹介します。

†ディレクターからの秘密のメッセージ

中学校の時に、こんな文章、ならいませんでしたか？

雪のいと高う降りたるを、例ならず御格子まゐりて、炭櫃に火おこして、物語などして集りさぶらふに、『少納言よ、香炉峰の雪いかならん』と仰せらるれば、御格子あげさせて、御簾を高く上げたれば、笑はせ給ふ。

清少納言の枕草子の一節です。考えてみれば、本当にウザい話ですね。イヤみったらしいというか、鼻につくというか。ざっくり訳すと、こういうことです。

ある日、私、清少納言の仕えていた女性の上司がこう言いました。「清少納言さん、香炉峰の雪はどんな感じかしらね？」

私は、ぴーんときたんです。だから、女官に言いつけて簾をあげさせたんです。そしたら、上司もたいそう喜んでくれたんですの。

これは、もっと昔の中国の白居易という詩人の有名な漢詩の

「香爐峰の雪は簾をかかげてみる」

という一節を踏まえたなぞかけのようになっている、と確か中学でならったはずです。

しかし、これはテレビでは無しです。意味がわからないので。

当時、文学は、読者が知識人に限定されていて、白居易のこの漢詩は知識人の教養としてみな知っていたので、こういうことが成立しているのかもしれませんが、少なくともテレビはそういう特権階級のためのメディアではありませんし、現代社会では知の体系が複雑化しすぎていて、共通の教養的土台が無いのが普通ですから。

しかし、一方で、ちょっとオシャレだなと思ったりもします。わかってる人だけわかってねというのはちょっと格好いいかな、と。

そんな時はディレクターは画の中に、メインでは無い主題を映し込んで、視聴者にそっと話しかけていることがあります。

たとえば、前にもふれたペルーのスラム街のドキュメンタリーを撮った時のことです。

ペルーの首都リマの街の紹介をするナレーション部分、先ほど話したいわゆる「刺身のツマ」にあたるナレーションベースの部分です。

リマには遺跡がゴロゴロ転がっていて実は、三〇〇近いピラミッドがいまでも眠っていると言われています。そして、ペルーと言えばインカ帝国。

㉜ひまわりの咲くインカ帝国の遺跡

そこで、インカ帝国の遺跡である当時使われていたリマ市内の遺跡を撮影し、ナレーションベースにしようと考えました。

その遺跡を撮るとき、ベストアングルを探るのですが、たまたま近くにヒマワリが咲いていたのでヒマワリから上にパンして、ヒマワリなめの遺跡になるような画を撮影し、ナレーションベースとして使いました（写真㉜）。

秒数にして、わずか七〜八秒くらいです。なので、そこにこめられた意図に気付かない人がほとんどだとは思います。

そして、その意図というのは、そもそもこのドキュメンタリーのストーリーの本筋では

ないものですから、

「遺跡すごいな〜、こんなのが首都に残ってるんだ」

くらいの感想でみていただければいいな、と思って遺跡をきれいに撮影しようとしたシーンでした。

でも構図を探していて、インカ時代に使われた遺跡のまわりを守るように、ヒマワリが咲き誇っていた風景に出会い、心をうたれたのです。

ヒマワリというのは、日輪草ともいわれるとおり太陽の花です。そして、インカ帝国もまた、太陽を守護神として、特に強く崇拝していました。

そんな太陽を守護神とするインカ帝国の遺跡を、三〇〇年を経た今でもヒマワリが守るように咲いている。そこに、趣を感じたのです。因みにこの遺跡は、普段は立ち入り禁止で観光地では無いため、観光用に植えたわけではありません。自然に、インカの遺跡の周りをヒマワリが囲んでいたのです。これもまた、狙っている感じがしなくて非常に良かった。

もちろん、別に学校で世界史を選択した方ばかりではないでしょうし、歴史に興味の無い方もいるでしょう。でも、一部の歴史好きな人ならば、ひょっとしてこの画のメッセージに気付いてくれるんじゃないかな、と思いつつこの画を選びました。

歴史に興味の無い人に嫌われることもなく、歴史好きの人にならら、「わかってるな」と思ってもらえて、この番組のファンになってくれるんじゃないか。わずかかもしれませんが、番組のファンが増え、より多くの人にこの番組を見てもらえるんじゃないかと思い、この画を撮りました。

重要なのは、この意味がわかるかわからないかは、番組全体のストーリーの理解に大きく影響しないということです。

このひまわりの意味が分からないと、番組が理解できないような構成になってしまっていては、「香炉峰の雪」と一緒でダメなのです。あくまで、サラっとやるのが重要です。

この本の第七章で、西村賢太という作家のような食事をするという流れの中で、刺身のツマの話をしました。

で、その説明の中で
「はな、根がA型気質で神経質に出来ている僕には、これが何とも慊いのです。」

という文章を一行だけ差し込んでみたのですが、実は「はな」「根が」「慊い」というのは、西村賢太と言えばこれというような代表的な表現方法で、ちょっとしたパロディ。

これもまあ、今説明したヒマワリと同じです。別に知らなくても、本筋の理解に全く差し支えなく、シレッと流して読んでいけるのですが、文学好きな人は、クスっとしてくればな、という演出方法です。

このように、画にディレクターがメッセージをこめていることは、多くあります。

ひまわりの例は、前提となる知識が必要な演出方法でしたが、もっとストレートに、何らかのメッセージを画に埋め込むこともけっこうあります。

ナレーションを画にとけ込ませる

たとえば、「空から日本を見てみよう」の「多摩川の源流と天空の村々」で、ある酒蔵を取材した時のことです。

多摩川の中流域に青梅というところがあります。その名の通り、梅が名産。多摩川の作り出した河岸段丘には、昔からの梅農園が多くあります。

そんな青梅に、青梅産の梅と、多摩川に注ぐ地下水脈の清水を使って梅酒作りをしている酒蔵があったのです。

多摩川の生み出した地形に作られた農園に出来た梅と、多摩川に注ぐ地下水脈の地下水

がコラボレーションして作り出した梅酒です。台本には、

「多摩川の恵みが、ぎゅっと凝縮して作られた、奇跡の梅酒です」

というようなナレーションを書きました。このナレーションには、梅酒の物撮りをあてようと決めていましたが、せっかくなら「多摩川の恵みが、ぎゅっと凝縮して作られた」を、「画」で表現できないかな。そう、色々考えて現場で、次のような画を撮影しました。

抜けに吊橋のある多摩川べりの光景の中に、梅酒のビンとガラスのおちょこ。
←
グラスにズームインすると、ビンの梅酒がガラスのおちょこに注がれる
←
グラスに酒がなみなみ注がれるとその酒の中に、反転して多摩川にかかる吊橋の景色が凝縮されて浮かび上がる

という感じです。つまり、主題はあくまでお酒の物撮りなのですが、よく見ると、酒の中に、後ろに広がる多摩川の景色が凝縮されているのです（写真㉝、㉞）。

何人の方がこれに気付いてくれたか、正直わかりません。自己満足と言われれば、そうかもしれません。

しかし、先にも述べたように、このように一枚一枚の画を強くしていこうという不断の努力の積み重ねが、結果として数百枚の画で構成される、番組を強くすることは間違いありません。

㉝青梅で造られている梅酒

㉞お酒を注ぐと多摩川の橋が映り込む

こうした演出は「空から日本を見てみよう」のような情報バラエティーにもつかえますが、ドキュメンタリーでは、もう少し重要な意味をもってくる場合もあります。確かに、その画のメッセージに気付かなくても本筋を理解することはできるのですが、気付いてもらえば本筋を理解する上での重要なスパイスになるのです。

†ドキュメンタリーのスパイス

あるおばあさんのインタビューを撮ったことがありました。彼女は、日本から遠くは離れた海外で、貧しい女性たちを救うべく、編み物を教えていたのです。

そんな彼女の行動力の源の一つが、亡き旦那さんへの愛でした。彼女が海外で働くことに、旦那さんはかなり狼狽しましたが、それでも最後は賛成。それどころか、海外で困っている人を助けたいという彼女に、海外の自分の知人をたずね、働き先まで紹介してあげたのです。しかし、旦那さんはその後、亡くなってしまいます。

彼女は、自分が無理を言って海外に飛び出し、旦那さんのお世話を怠ったからではないかと、深く後悔していました。

ある日、僕と彼女が夕飯を食べていたとき、彼女が旦那さんへの思いを急に語り出してくれたので、旦那さんのことをしゃべる彼女の姿を、僕は極端に画面の左側をあけて撮影しました。

彼女はいま日本から遠く離れた海外で日本人などほとんどいないなか一人で頑張っている、愛する旦那さんは他界してしまってこの世にいない。これは、そんな彼女の「孤独」

と、それを乗り越えている強さを言外に表現したかったからです。

彼女一人の姿を画面いっぱいに描いてしまっては、正直、彼女が何人で食事をしているのかわかりません。

しかし、食事のシーンの中で、隣の空席をあえて画面にいれ込むことで、彼女が一人で食事をしているのだということがよりよくわかる。

そして彼女が旦那さんについて、その画の中で語ることで、本当は、その空席の位置に、彼女は旦那さんに座っていて欲しかったと思っているのだろう、という僕が受けた気持ちを表現できればと思ったのです。

このように画の中に、何か意味をもたせようとして撮影されたカットは、ドキュメンタリーではよく見られます。

たとえば、最近たまたま見たテレビのドキュメンタリーの中にもそういったシーンがいくつもありました。

二〇一三年六月二三日に放送された日本テレビ系列の「ＮＮＮドキュメント」で放送された「死刑囚の子　殺された母と、殺した父へ」という番組です。父親が母親を殺してしまい、父親に死刑判決がくだる。そうして、小さい頃に身のまわりからいっぺんに両親を失って育った男性が成人した現在の姿を追ったドキュメンタリーでした。

　この男性はウサギを飼っており、部屋にもウサギグッズがたくさん置いてあったのですが、カメラはこのウサギ込みの男性の画を非常に多用していた印象を受けました。

　実際にはそんなことはないのですが、ウサギは寂しいと死んでしまうなどという俗説もあって、どこか孤独の象徴のようなイメージを、僕は持っています。

「闇金ウシジマくん」という非常に有名なマンガでは、誰にも心を開かない闇金融の主人公は、自分の部屋でウサギを溺愛しており、ウサギと戯れる姿が孤独の象徴のように描かれています。

　ほかにも、一部に熱狂的な人気を誇った二〇〇一年のアメリカ映画「ドニー・ダーコ」でも、ウサギは孤独の象徴のように描かれています。

　また、前述のドキュメンタリーのあるナレーションベースでは、公園で彼がウサギを抱いているシーンを使用していたのですが、カメラワークと構図が非常に印象的でした。はじめ、画面の手前に、家族で幸せそうに遊ぶ親子が映っており、そこからピントを画面の奥の方へ移すと、公園に一人でウサギを抱いている主人公の男性、という画だったのです。明らかに、孤独を印象づけるシーンです。

これは、かなり物語の主題にそった映像表現の例でした。もうすこし主題とはそれた場面で、ディレクターの遊びみたいなものが見られるものもあります。

その一例としては、二〇一二年六月三〇日にフジテレビ系列で放送された「ザ・ノンフィクション」の「やってないものは、やってない」というドキュメンタリーがありました。

これは、八百長相撲疑惑で、相撲界から去った力士、追放されそうになったものの、裁判闘争を続けている力士を追いかけたドキュメンタリーでした。

その中で、相撲界を追われ、無念を噛み締めながらレスラーに転向した力士が思いを語る自宅でのシリアスなインタビューの場面で、画面の左下にずっとあるものが映っていたのです。

それは、AKB48を特集した雑誌。

これが、「見切れている」のか、「見切れさせた」のか、つまり、意図せず自然に映り込んでいるのか、意図してあえて画の構図の中に残したのかは断言できません。

しかし、カメラをのぞいたディレクターやカメラマンは、普通画の些細な部分まで、相当神経を使います。このAKB48本は、画面の中でかなり目立つ位置にあったので、おそらく、あえて構図の中にその本を入れこんでいるのだと思います。

正直、インタビュー内容とAKB48は、直接は関係ありません。しかし、ディレクターがあえて画の中にそれを残しているのなら何らかの意思表示ではあるはずです。

たとえば、一番普通に考えられるのが、時代性を表すものとして画にとけ込ませているというもの。ドキュメンタリーというのは、「時代性」を重視しますので、平成二〇年代のこの時期のインタビューである、というのを言外に示しているという可能性が考えられます。

あるいは、この力士のキャラ付けの一つとして使用したのかもしれません。力士から、プロレスラーに転向しようというのですから、何となく視聴者は、この力士に怖い、いかつい人なのかな、という印象を抱くはず。

でも、意外にAKB48好きなんていうお茶目な一面もあるんだよということを言外に視聴者に伝えようとしたのかもしれません。少なくとも、僕はAKBに取り立てて思い入れがあるわけではありませんが、このシーンに人間味を感じ、力士に親近感を覚えました。八百長疑惑や裁判といった固いテーマだからこそ、この柔らかいちょっとしたスパイスが非常に安心感をもたらしたし、この力士という人間への興味が強まったのです。

と言われても、ピンと来ないかもしれませんので、本書ではここまで何かを説明する際、さりげなく何回かAKBを例として使ってみました。本筋に影響を及ぼさない範囲で、テレビの「見切れ」のような感じで。もし、そこから何かを感じとっていただけたとしたら、テレビの「見切れさせ」によってディレクターが狙う効果も、そのような類いのものです。

このように、ディレクターというのは、画で言外にさまざまなことを表現し、いろいろなことを語りかけてきます。

とはいえ、「世界ナゼそこに？　日本人」や、「空から日本を見てみよう」など、自分で撮ったものに関しては、自分でどういう意図で撮ったか説明できますが、日本テレビや、フジテレビのドキュメンタリーに関しては、そのディレクターと面識があるわけではないので、今僕がここで書いた解釈が当たっているかどうかはわかりません。

しかし、良質のテレビ番組には、ディレクターが明らかに何らかの意図を持って描いていると思われる画がつぎつぎと繰り出されます。こうしたディレクターからの秘密のメッセージを気にしながらテレビを見てみると、テレビがもっと楽しくなるかもしれません。

そして、ディレクターを目指す場合は、そうした演出的な意図に基づいた画をきちんと狙って撮影できるようにならなければなりません。そうすれば、有限な尺でより多くのことを視聴者に伝えることができるようになるのです。

第十章　テレビ業界を目指す方へ

ここまで、テレビのディレクターという仕事を通じて、物作りの楽しさやテレビの意外な見方、そして他の仕事でも少しは応用できそうな仕事術をご紹介してきました。

この本を手に取って下さった方は、何らかの形でテレビというメディアに興味のある方や物作りに興味のある方だと思います。

そこで、最後の章では、そんなテレビに興味がある方の中でも、将来テレビ業界を目指す方、あるいは映像制作に携わろうとしている方向けに、映像を作るということにはどういう意味があるのか、そして映像制作の現場でよりよい番組をつくるためにはどうしたらよいのか、僕なりの考えをご紹介します。

†テレビは本の一〇分の一のクオリティ

僕がテレビ業界に入ってまず感じたことは、テレビは普通に作ったら極めて内容の薄いものになるんだろうなということです。

これは、僕が携わりたいと思い、そして携わってきた情報バラエティ番組やドキュメンタリー番組についての考えです。

何となくの肌感覚では、書籍の一〇分の一くらいのクオリティになるんじゃないかな、と思いました。ここでいう、「クオリティ」とは、「新しい面白さ」のこと、つまり独自に取材してつかんだ、新しいネタのことです。

なぜ、そう思ったかというと、テレビを作るのは大変にしんどい作業だったからです。

本だったら表現方法は基本的に文字のみです。作者は取材したことを文字に起こせばよい。

しかし、テレビはそうはいかない。文字で台本やナレーションを執筆するだけでなく、実際にそれを説明する動画を撮影しなければなりません。そして、文字で書いたナレーションに関しても、ナレーターに読んでもらわなければなりません。読み方に関して、演出もしなければなりません。

さらに、その映像に音楽をつけたり、またテロップという文字を入れる作業もしたり。

なんだかんだで、同じ取材内容を表現するのに、テレビは本の一〇倍くらい、労力がかかるのではないかと感じたのです。

同じ内容をえがくのに、一〇倍の労力がかかるのならば、本を書く人と同じ努力しかしなかったら、取材の内容のクオリティに関しては一〇分の一になるのではないか。そう考えたのです。

いま思えば、本を書く人の努力も知らずに、また本を書く以外のどんな仕事であれ、大変なのだということも理解できますが、入社したばかりの当時、まだ視野がせまくそのように感じたのです。

一〇倍、一〇分の一という数字の妥当性はともかく、確かに僕がまわりを見渡した限りでは、本や雑誌からネタを拾ってきて、それを映像化するだけという制作手法も数多くありましたし、僕自身もそういう手法で番組をつくったこともあります。

それに、やはり現在でも「情報バラエティ」で扱うようなジャンルに関しては、「新しい面白さ」は、テレビからよりも、書籍などの世界から発信されることの方が多いように思います。

しかし、一方でこうも思ったのです。確かに、クオリティは一〇分の一でも、テレビというのは、文字だけでなく、映像を使って視覚にもうったえられるし、音を駆使して耳にもうったえられる。そう考えると、テレビというのは本の一〇倍くらい物事を人に訴える力があるのではないか、と考えたのです。

クオリティが一〇分の一でも、影響力は一〇倍。だから、〈メディアの効用＝クオリティ×影響力〉だとすれば、

本の効用＝$1 \times 1 = 1$

テレビの効用＝$\frac{1}{10} \times 10 = 1$

で、本とテレビはメディアとしての有用性はトントン。それゆえ、棲み分けもできるし、共存できるのだろうなと思いました。

しかし、そこまで考えて、さらにこう思ったのです。$\frac{1}{10} \times 10 = 1$で、メディアとしての効用は十分だと。ならば、普通にテレビを作る労力の一〇倍努力して、クオリティを高め、クオリティを本と対等のレベルにまで持って行ければ、

一〇倍の努力をした場合のテレビの効用＝1×10＝10

で、本の一〇倍もの価値を生み出せるのではないかと思ったのです。「影響」の部分は、メディアの性質によるもので、個人の努力ではいかんともしがたいのですが、クオリティの部分に関しては、努力という可変的な要素で変動させることが可能です。

もちろん、ただでさえ、忙しい職場で、さらに一〇倍の努力をするというのは、容易なことではありません。僕自身も一〇倍の努力をした、と言い切れることは一度もありませんでした。

しかし、「空から日本を見てみよう」という番組でも、「ジョージ・ポットマンの平成史」という番組でも、「世界ナゼそこに？　日本人」という番組でも基本的には、普通だったら負けてしまう書籍に負けないクオリティを目指そう、という意気込みで作ってきました。

だから僕の場合は常に、書籍がクオリティのライバルであり、仮想敵でした。文系でありながら、かなり職人的な立ち位置で物作りという仕事ができる数少ない職業が、本の編集者と、テレビのディレクターだと僕は思っています。

本の方が「クオリティを追求する」＝「『新しい面白さ』を発掘できる環境がある」けれど、テレビの方が影響力は大きい。

だから、テレビのディレクターになって、自分の努力次第でクオリティを変動させれば、その「新たな面白さ」をより多くの人に伝えられる。

もし、テレビの世界で、手作りの情報番組やドキュメンタリー番組をめざす方にはこの意識を持って頑張ってほしいと思います。

†学者かジャーナリストかエンターテインメントか

物事を調べて、表現する。こういう仕事には僕は三つの種類があると思います。

それは、学者、ジャーナリスト、エンターテインメントです。で、この三者がどう違うかというと、情報をさばく大本となる価値観が根本的に異なるのです。

一言で理念型チックに言うならば、

学者＝真実か否か

ジャーナリスト＝正義か否か
エンターテインメント＝面白いか否か

です。あくまで理念型チックな説明ですので、それぞれ若干重複するところがあります。学者は真理を追求する職業です。そこから派生して、社会問題を解決する実践的な学問も存在しますが、やはり根本は人間の、社会の、宇宙の真理を追求するのが本分なのではないかと思います。

ジャーナリストは、よく「不正を正す」というように、正義を追求するのが仕事です。客観報道や、真相解明といった報道も重要ですが、「権力」というものが恣意的に使われることのないように、常に権力を保持する者たちの行う悪を追及する。それがジャーナリズムに携わる人々の最も重要な存在意義なのではないでしょうか。

そして、エンターテインメントは、面白いかどうかです。「面白い」は、何回も述べている通り、「笑える」だけではありません。「泣ける」「感動する」「知的好奇心をそそられる」などなど、その形はさまざまです。

たとえば、テーマが「マンション」であったら、学者はそれが「真実」か、ジャーナリストはそれが「正義」か、エンターテイメントはそれが「面白い」かという切り口で対応します。

学者なら、たとえばこのマンションは人間が真に生存するに相応しい空間だろうか、と学問的に考えるでしょう。

ジャーナリストなら、たとえばこのマンションは、偽装建築じゃないだろうか、という目線でマンションを見るでしょう。

エンターテインメントの人間なら、このマンション、何か面白いものはないか？と見るでしょう。

今まで述べてきたように、手作りの番組である情報バラエティ番組やドキュメンタリー番組のディレクターは、このような「面白さ」をもつ、新たなもの、つまり「新しい面白さ」を追求するのです。

でも、だからといって、正義や真実に全く無関心であってよいわけではありません。なぜなら、「正義か否か」、「真実か否か」というのも、料理次第では面白くなるからです。

むしろ、ドキュメントバラエティ番組のようなものの場合、あまりに頭から「正義」や

「真実」を振りかざしては、興味を失わせてしまうような題材を「面白さ」というオブラートにつつんでお届けすることができる。それが、最大の強みであるような場合があります。

「面白さ」につつんで、シレッと、真実や、正義について匂わせる。それくらいの方が、人々に伝わることもあると思います。

ですから、バラエティ番組を作るテレビのディレクターは、一見面白くなさそうなものに、独自の面白さを見出して、それを「面白いもの」として伝える、いわば「プロの好事家」になることが求められるのだと思います。

†利益にならないことにこそ目を向ける

では、そんなプロの好事家になるには、どうしたらよいのか。その近道は、やはり利益にならないことにこそ目を向けるということです。

小学校だか、中学校の時に、開高健さんのエッセイが教科書にのっていて、その中にあった「ムダこそ豊穣の源泉である」というような言葉が、なぜか印象に残っているのですが、まさにそんな感じです。

そんな言葉が印象に残っていたせいか、大学時代には、第三外国語でアラビア語、第四外国語でアイヌ語を選択して勉強していました。

いま思えば就職してもほぼ役に立たない語学を勉強するというのは、正直なところ苦痛以外の何物でもありませんでした。

しかし、一年間ちゃんと履修し続けるには、何らかの動機付けが必要です。だから、アラビア語や、アイヌ語の学習に自然に何らかの「面白さ」を見出そうするのです。

結果として、どちらの言語も全くしゃべれるようにはなりませんでしたが、二つの言語を勉強することに関しては、それなりの面白さを見出せた記憶があります。

これは、今から考えればテレビのディレクターのような職業に就いて「面白さ」を発見するための、ひとつの大きな訓練になっていたと思います。と、思い込むことにしています。

自分にとって、経済的利益をもたらすものや、即物的効能があるものに関しては誰でもすぐに興味を持つようになります。

それは、年収を増やしたり、モテるようになったりするのには効果があるかもしれませんが、あまり「新しい面白さ」を発見する糧にはならないのです。

かといって、相対的な価値基準を持たないと、「ムダ」なものばかりに目を向けていても、そこに面白さを発見することはできないので、世の中のメジャーなものにもそこそこ興味を持っておかねばなりません。世間の価値観との接点を持たずに、「新しい面白さ」を追求すると、こんどはエンターテインメントではなく、芸術になってしまいますので気をつけてください。

つまり、「王道」と「外道」の情報をバランスよく吸収する。これが、「新しい面白さ」を発見するための近道なのだと思います。

おわりに

　僕は大抵のテレビ番組が嫌いです。それゆえテレビ嫌いが見たいと思うようなテレビ番組をつくりたい。そう思い、入社以来番組を作ってきました。

　タレントをなるべく画面に出さない。なるべくあおらない。うるさすぎない。すでに有名なものや人物ではなく、まだ知られていない新たな物事の魅力を見つけたい、そして磨きたい。これが僕のディレクターとしての根本的な欲求であり、本書ではそのような番組作りのためのスキルを述べました。

　テレビ志望・関係者以外の方のことも想定し、あまりに専門的なことは端折りましたが、「物事の魅力を最大限引き出す」というディレクターの仕事の本質のイロハについて、いろいろ考えていただく一助になればと思います。

　テレビ東京では、こだわりを持つ、尊敬すべき多くの先輩に恵まれました。本書は、そういった金の無いテレビ局で番組作りに命をかけていた諸先輩から受け継いだ様々な教えを僕なりに解釈し、再構築したものです。

ある空を飛ぶ番組では、今でも私淑するプロデューサーに、数百カットからなる番組の一カットずつの意味を説明するよう求められるという薫陶を受けました。マルちゃんの「赤いきつね」の麺をどうしてズームアウトで撮ったんだとひどく怒られ、当時はキョトンとしましたが、それ以来一カットずつに意味を求めて撮影するようになりました。当時は辛かったですが、殊、撮影と編集に関しては、これが今の自分の血肉になっています。本当にありがとうございました。

ある歴史の番組では、今でも私淑するプロデューサーから、あまりに激しい演出的指導を受け、大人にもかかわらずナレーション録りの最中に、泣いてしまいました。しかし、殊、構成という作業に関して今の自分の流儀の多くはこの方から学んだ気がします。本当にありがとうございました。そして、泣いてしまった自分を優しく励ましてくれた同番組の別のお二人のプロデューサーはまさしく恩人です。ありがとうございました。

その他、諸番組で教えをいただいた先輩方、また番組ではからまずとも飲みに連れていってくれる諸先輩、そして何よりいつもわがままに付き合ってもらい、超迷惑をかけているＡＤさんたちに心からお礼を申し上げたいと思います。ありがとうございました。そして、ごめんなさい。

また、僕はディレクターになりかけの約一年をゼロクリエイトという制作会社で過ごしました。寝不足にも程があるほど働かされ、大学以来の友人とはこの期間に一切縁が切れましたが、ここでは物作りのイロハと演出の基礎をしっかり教えていただきました。ここでの経験がもっともディレクターとしての姿勢に影響していると思います。感謝してもし尽くせません。ありがとうございました。

最後に丁寧なお手紙で執筆依頼をいただいた編集担当、橋本陽介さんにお礼を申し上げたいと思います。まったく違う畑の同世代のプロのお仕事から学ぶことがたくさんありました。

そして最後の最後に、本書を手に取ってくださった皆様にお礼を申し上げます。テレビは無料ですが、本は有料なのに本当にありがとうございます。この本を通じて少しでもテレビを楽しむ一助になれば、幸いです。

今後ともテレビ東京以外でもかまいませんのでテレビを、でもやはり出来ればテレビ東京を、何卒お願い申し上げます。

本書で取り上げた主な番組

「TVチャンピオン」「TVチャンピオン2」（一九九二年〜二〇〇八年）
「大食い」や「つめ放題」など知られざる様々な分野の職人、達人やツウがその腕や知識を競う番組

「新説!?日本ミステリー」「決着！歴史ミステリー」（二〇〇八年〜二〇〇九年）
龍と虎のCGキャラクターが通説ではない歴史の異説や、新説を紹介し議論する歴史番組

「空から日本を見てみよう」「空から日本を見てみようplus」（二〇〇九年〜二〇一一年、二〇一二年〜）
くもじい、くもみという雲のキャラクターが日本全国を空から探検する番組

「ジョージ・ポットマンの平成史」（二〇一一年〜二〇一二年）
自称イギリスのヨークシャー州立大学教授が日本の平成時代の文化を研究する番組

「世界ナゼそこに?日本人」（二〇一二年〜）
世界の秘境や珍しい場所に住む日本人に密着するドキュメントバラエティー番組

○本書で説明するに際し取り上げている番組の中で、著者がディレクター・演出などを手がけ、DVD化され現在でも手に入るものは以下の通り

〈ディレクター〉

「空から日本を見てみよう」第三巻　山手線南側　P132

「空から日本を見てみよう」第九巻　阪神工業地帯&瀬戸内海の島々　P067　P127

「空から日本を見てみよう」第一五巻　多摩川源流と天空の村々　P163　P229

「空から日本を見てみよう」第二二巻　港町・横浜　発展の歴史　P053

〈プロデューサー・演出〉

「ジョージ・ポットマンの平成史」第一巻　人妻史・白ブリーフ史・性教育史　P091

「ジョージ・ポットマンの平成史」第二巻　童貞史・スカートめくり史・ラブドール史　P091　P164

「ジョージ・ポットマンの平成史」第四巻　友達いないと不安史・パワースポット増え過ぎ史・美女メガネ史・少女激マセ史　P091　P165

〈制作進行・プロフィールVTRディレクター〉

「ゆるキャラ日本一　決定戦」　P37

ちくま新書
1040

TVディレクターの演出術《えんしゅつじゅつ》
――物事《ものごと》の魅力《みりょく》を引《ひ》き出《だ》す方法《ほうほう》

二〇一三年一一月一〇日 第一刷発行
二〇二三年 四 月二〇日 第三刷発行

著者 高橋弘樹（たかはし・ひろき）
発行者 喜入冬子
発行所 株式会社 筑摩書房
東京都台東区蔵前二―五―三 郵便番号 一一一―八七五五
電話番号〇三―五六八七―二六〇一（代表）
装幀者 間村俊一
印刷・製本 株式会社 精興社

ISBN978-4-480-06743-2 C0265

ちくま新書

939
タブーの正体！
——マスコミが「あのこと」に触れない理由
川端幹人
電力会社から人気タレント、皇室タブーまで、マスコミ各社が過剰な自己規制に走ってしまうのはなぜか？『噂の眞相』元副編集長がそのメカニズムに鋭く迫る！

911
ジャーナリズムの陥し穴
——明治から東日本大震災まで
田原総一朗
ジャーナリズムとは何か？ 政治に屈したり、偏った報道をすることもあるのか。三十数年にわたる第一線での経験から、ジャーナリズムの本質に迫る。

874
ＵＳＴＲＥＡＭがメディアを変える
小寺信良
次世代ネット放送は、テレビ・マスコミ崩壊後のメディアをいかに変えるのか？ その仕組みから可能性まで、徹底的に検証した画期的メディア論。

871
電子書籍の時代は本当に来るのか
歌田明弘
電子書籍は一時のブームを越え定着するのか？ そして紙のメディアは生き残れるのか？「大変化」の本質を冷静にとらえ、ビジネス・モデルの成立する条件を示す。

887
キュレーションの時代
——「つながり」の情報革命が始まる
佐々木俊尚
テレビ・新聞・出版・広告——マスコミ消滅後、情報はどう選べばいいか？ 人の「つながり」で情報を共有する時代の本質を抉る、渾身の情報社会論。

1001
日本文化の論点
宇野常寛
私たちは今、何に魅せられ、何を想像／創造しているのか。私たちの文化と社会はこれからどこへ向かうのか。人間と社会との新しい関係を説く、渾身の現代文化論！

987
前田敦子はキリストを超えた
——〈宗教〉としてのＡＫＢ48
濱野智史
ＡＫＢ48の魅力とはなにか？ 前田敦子は、なぜあれほど「推された」のか？ 劇場・握手会・総選挙……。その宗教的システムから、ＡＫＢ48の真実を明かす！